丁连红　时　鹏　编著

# 网络社区发现

## Network Community Detection

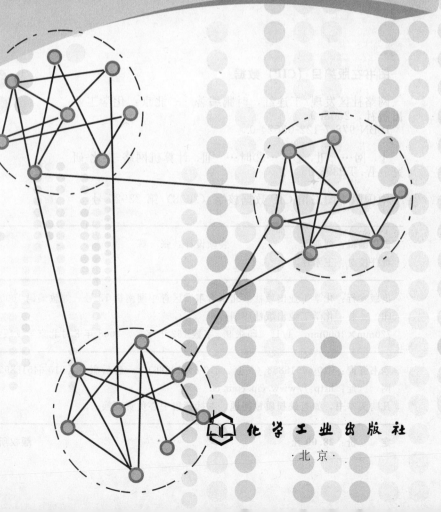

化学工业出版社

北京·

本书综合了国内、外社区发现技术的研究成果，阐述了社区现象的背景和原理、社区发现的技术以及社区发现的典型应用。

社区现象是复杂网络中的一种普遍现象，表达了多个个体具有的共同体特性。社区的发现技术，从最初的图分割方法、W-H算法、层次聚类法、GN算法等基本算法，逐渐发展和改进，形成了包括改进GN算法、派系过滤算法、局部社区算法和Web社区发现方法在内的更具可操作性的方法。网络的社区发现可为个性化服务、信息推送等提供基本数据，尤其是在信息时代，社区的存在更加普遍，发现技术应用更加方便，其商业价值和服务价值更大。

本书提供的基本原理和实现技术为国内学者与技术人员深入理解社区发现技术提供了有益参考，是一本不可多得的好书。

**图书在版编目（CIP）数据**

网络社区发现/丁连红，时鹏编著. —北京：化学工业出版社，2008.9
ISBN 978-7-122-03524-0

Ⅰ. 网… Ⅱ.①丁…②时… Ⅲ. 计算机网络-文化-研究 Ⅳ.TP393-05

中国版本图书馆 CIP 数据核字（2008）第 22920 号

---

责任编辑：刘亚军 　　　　装帧设计：张 辉
责任校对：王素芹

---

出版发行：化学工业出版社（北京市东城区青年湖南街 13 号 邮政编码 100011）
印　　装：化学工业出版社印刷厂
720mm×1000mm　1/16　印张 9　字数 162 千字　2008 年 8 月北京第 1 版第 1 次印刷

---

购书咨询：010-64518888（传真：010-64519686）　售后服务：010-64518899
网　　址：http://www.cip.com.cn
凡购买本书，如有缺损质量问题，本社销售中心负责调换。

---

定　　价：28.00 元 　　　　　　　　　　　版权所有　违者必究

# 前　言

现实世界中的很多系统都可以用复杂网络的形式来描述，复杂网络已逐渐成为研究复杂系统的一种重要方法和跨学科的研究热点。社会网络是一种复杂网络，反映了社会成员及其相互关系。通过对社会网络的理论研究，尝试挖掘隐藏在表面关系之下的隐性关系，可进行电子商务、信息推荐等有益的应用。

随着对网络性质的物理意义和数学特性的深入研究，人们发现许多实际网络都具有一个共同性质——社区结构。也就是说，网络是由若干个"群"或"团"构成的。每个群内的节点之间的连接非常紧密，而群之间的连接相对比较稀疏。揭示网络中的社区结构，对于了解网络结构与分析网络特性具有极为重要的意义。社区结构分析在生物学、物理学、互联网、商业活动和社会学中都有广泛的应用。本书第一章和第二章介绍了复杂网络和社会网络的基本特征以及社区现象的基本原理。

为了研究网络中社区结构的特性，研究人员对寻找网络中社区结构的方法进行了探索和研究。其目的主要是通过有效的算法，利用尽量少的信息得到尽量准确的网络社区结构。目前已经存在若干社区发现方法，其中最具有代表性的是计算机科学中的图分割（Graph Partitioning）方法，社会学领域中的层次聚类（Hierarchical Clustering）方法、W-H 算法和 GN 算法。社区发现技术还处在不断的发展和更新过程中，如以降低算法复杂度为主要目的的改进 GN 算法、以解决社区重叠和嵌套的派系过滤算法、不以掌握网络全部拓扑结构为前提进行社区发现的局部社区算法，主要针对万维网和Internet的 Web 社区发现方法。这些算法分别在本书的第三章和第四章进行了阐述。

社区发现技术对科学研究和商业应用都具有很高的价值。在科学研究方面，可应用于生命科学、社会学以及信息科学等许多领域。在商业应用方面，最具代表性的是个性化服务和互联网应用。基于社区发现的个性化服务系统可以克服传统系统的很多缺陷，如缺乏建立用户模型的信息、缺乏用户评价信息等。在网络飞速发展的今天，互联网上的社区应用具有广泛适用性。将社区发现技术应用于电子商务，不但可以帮助商家通过服务水平的提高创造更大的商业价值，而且可以通过人性化的服务增强用户的忠诚度。基于社区的网络文化安全评估和预警，既能最大限度保证网民利益，又能够维护网络文化安全。本书第五章和第六章详细介绍了社区发现技术在个性化服务和互联网上的应用，包括基本流程和所涉及的技术细节。

目前国内科研人员已经开始进行复杂网络和社区结构的学术研究，但仅有少量关于复杂网络和社区结构的学术论文发表，虽然已经有阐述复杂网络的原理和特征的专著面世，但关于社区结构及其发现技术，尚未有专门的中文作品。为了加速国内对社区发现技术的研究和应用进程，笔者查阅了大量资料，在科学研究和应用实践的基础之上，撰写了本书。

本书受北京市属市管高等学校人才强教计划资助项目、北京物资学院科技创新平台资助项目和国家"十一五"科技支撑计划"网络文化安全预警技术研究"（No.2006BAK11B03）项目的资助。本书共分六章，北京物资学院丁连红撰写了第一、三、四、五章；北京科技大学时鹏完成了其余部分的撰写，并且对全书做了文字修订和润色加工。

由于笔者水平有限，书中难免有疏漏之处，敬请广大读者批评指正。

编著者
2008 年 6 月

# 目　录

# 第一章　复杂网络与社会网

从最初的规则网络，之后的随机网络，到近几年的复杂网络，越来越多的关于网络的研究成果被发掘并应用，为人们更深刻认识现实中的复杂系统，并对之进行控制或应用提供了有效帮助。现实世界中的很多系统都可以用复杂网络的形式来描述，这些复杂网络具有网络平均路径长度较小、聚类系数较大、节点度分度服从幂律分布等相同特性。近年来，复杂网络已逐渐成为研究复杂系统的一种重要方法，对复杂网络的研究正受到来自不同领域的越来越多的研究人员的关注，复杂网络已经成为一个跨学科的研究热点。

社会网是一种复杂网络，反映了社会成员及其相互关系。通过对社会网的理论研究，尝试挖掘隐藏在表面关系之下的隐性关系，可进行电子商务、信息推荐等有益的应用。

## 第一节　复杂网络及其特点

### 一、复杂网络的定义及来源

现实世界中的许多系统都可以采用网络的形式来加以描述，可以将网络看作由节点和连接节点的边组成的集合。通常用节点来表示现实系统中的个体，用边表示个体间的某种关联，有边相连的两个节点被称作相邻节点，有点相连的两条边被称作相邻边。若网络中的边具有方向性，称为有向网络；反之，称为无向网络。本书中未特别指明的网络为无向网络。图论中的图与本书中的网络类似，图是抽象化的网络，图论中的方法可以用于解决复杂网络中的问题。

现实世界中的许多系统都可以利用网络图进行描述。例如，如果用一个节点表示一个人，一条边表示它所连接的两个节点（即所表示的两个人）之间的交往，就能构成反映人际关系的社会网络；如果用节点表示城市，用边表示城市之间的铁路，就能构建反应交通路线状况的铁路网；如果用节点表示物种，用边表示从被捕食者指向捕食者的能量传递关系，就构成了食物链网；如果用节点表示协同团队中的成员，边表示知识在成员之间的传播，就构成了知识流网。这样的例子随处可见，如 Internet、World Wide Web、神经网络、代谢网络、分布式的血管网络等。研究网络的结构，并发现其内在共同特性，以便多个领域相互参考借鉴，是科学家们一直所关注的问题。

网络研究的初次尝试可以追溯到 1736 年，瑞士数学家欧拉（Euler）在他的一篇论文中讨论了哥尼斯堡七桥问题。在二百多年的发展过程中，网络理论的研究先后经历了规则网络、随机网络和复杂网络三个阶段。在最初的一百多年里，研究人员普遍认为真实系统各因素之间的关系可以用一些规则的结构表示，例如二维平面上的欧几里得格子，它看起来像是格子衬衫上的花纹；又或者最近邻环网，它容易让人想到一群手牵着手围着篝火跳圆圈舞的人们。1960 年，数学家 Erdös 和 Rényi 提出了随机图理论，为构造网络提供了一种新的方法。在这种方法中，两个节点之间是否有边连接不再是确定的事情，而是根据一个概率决定，这样生成的网络称作随机网络。随机图的思想主宰复杂网络研究长达四十年之久，直到近几年，科学家们对大量的现实网络的实际数据进行计算研究后得到的许多结果，既不是规则网络，也不是随机网络，而是具有与前两者皆不同的统计特征的网络。这样的一些网络称为复杂网络，对于复杂网络的研究标志着网络研究的第三阶段的到来。由 Watts 和 Strogatz 于 1998 年提出的 WS 小世界网络模型，刻画了现实世界中的网络所具有的大的凝聚系数和短的平均路径长度的小世界特性。1999 年，Barabási 和 Albert 提出的无尺度网络模型，刻画了实际网络中普遍存在的"富者更富"的现象。小世界网络和无尺度网络的发现掀起了复杂网络的研究热潮。

## 二、复杂网络的特征及度量

### （一）平均路径长度与小世界现象

在网络研究中，如果网络中的两个节点可以通过一些首尾相连的边连接起来，则称这两个节点是可达的，并把连接两者的路径中边数最少的路径称为最短路径，最短路径的边数称为两个节点之间的距离。显然两个点之间的距离总是比网络拥有的节点总数要小。网络的直径定义为网络中任意两个节点间的最大距离。把所有节点对的距离进行平均，就得到了网络的平均距离，它描述了网络中节点间的分离程度，即网络的大小或尺寸。

"小世界现象"源于社会心理学家 Stanley Milgram 在 20 世纪 60 年代所做的试验。他要求从奥马哈市（Omaha）随机选取的 300 人尝试寄一封信给波士顿市（Boston）的一位证券业务员，寄信的规则是每个参与者只能转发给一个他们认识的人。直觉告诉我们，从茫茫人海中找到一条相续认识的链，把最初的寄信人跟目标业务员连接起来，应该会费尽周折。然而，实验结果表明：完整的链的平均长度为 6 个人。

小世界特性容易使人联想起疾病、谣言、或数据在网络中的传播或传输问题，这些问题很多时候恰恰是很关键的问题。除了具有平均最短距离较小以外，小世界网络还要具有高聚集性，同时具有这两个方面特性的网络才可以被称为是小世界的。实验结果说明，在以细胞中的化学物质为节点、化学反应关系为边构成的网络中，节点之间的典型间隔为 3；在以好莱坞演员作为节点、同在一部电影中出演作为边的网络中，演员之间的平均间隔为 3；在具有 153127 个节点的万维网（World Wide Web）中，节点之间的平均路径长度为 3.1。另外，Erdös 和 Rényi 已经证明，经典的随机网络中，任何两个节点间的典型距离为网络节点数的对数数量级，所以也具有小世界的特点。

## （二）聚类系数与聚集性

在一个社会网络中，一个人的朋友的朋友可能也是他的朋友，或者他的两个朋友可能彼此也是朋友。聚集性用于描述这类可能性的程度，即，网络有多紧密。聚集性表达了网络连接的聚集程度。

通常用聚类系数（Cluster Coefficient）来描述网络中节点的聚集情况，其定义为：假设节点 $i$ 与其他 $k_i$ 个节点相连接，如果这 $k_i$ 个节点都相互连接，它们之间应该存在 $k_i(k_i-1)/2$ 条边，而这 $k_i$ 个节点之间实际存在的边数只有 $E_i$ 的话，则它与 $k_i(k_i-1)/2$ 之比就是节点 $i$ 的聚类系数。相应的计算公式为：

$$C_i = \frac{2E_i}{k_i(k_i-1)} \tag{1-1}$$

显然聚类系数表达了节点的紧邻之间也是紧邻的程度。所有节点的聚类系数的平均值称为平均聚类系数 $C$ 或整个网络的聚类系数。公式表示为 (1-2)，其中 $N$ 为节点总数。

$$C = \frac{1}{N}\sum_i C_i \tag{1-2}$$

平均聚类系数也是复杂网络中的一个重要的全局几何量，在全连通网络（每个节点都与其余所有的节点相连接）中，聚类系数才能等于1，其他情况均小于1。对于随机网络，则有 $C=p$，$p$ 为节点间的连接概率。Watts 和 Strogatz 首先指出，许多实际网络的聚集系数远大于具有相同节点数和边数的随机网络。也就是说，许多实际网络趋于具有集团的特性，就像人的社会关系网络一样。这个定义被广泛使用，在社会学领域常称为网络密度。

## （三）度和度分布

节点的度（Degree）是网络研究中的一个重要概念，是描述网络局部特性的基本参数。在 $N$ 个节点的网络中，任意一个节点 $i$ 的度 $k_i$ 等于与该节点相连的其他节点的数目（连接数）。若网络的邻接矩阵为 $A=[a_{ij}]_{N \times N}$，则节点 $i$ 的度为：

$$k_i = \sum_{j \in N} a_{ij} \qquad (1\text{-}3)$$

在有向网络中，节点的度分为出度（Out-degree）和入度（In-degree）。节点的出度，是指从该节点指向其他节点的边的数目；节点的入度，是指从其他节点指向该节点的边的数目。度用于描述网络节点连接数目的分布情况。直观上看，一个节点的度越大，表明其在网络拓扑中的地位越重要。事实上度在不同的网络中含义不同。如，社会网络中，度可以表示个体的影响力和重要程度，度越大的个体，其影响力就越大，在整个组织中的作用也就越大；反之亦然。

节点的平均度是指所有节点的度的平均值，用符号 $<k>$ 表示。

$$<k> = \frac{1}{N} \sum_{i=1}^{N} k_i \qquad (1\text{-}4)$$

度分布（Degree distributions）是对节点的度的规律的一种描述，通常用度分布函数 $P(k)$ 表示任意选择一个网络节点，其度恰好为 $k$ 的概率。其值等于网络中度为 $k$ 的节点的个数占网络节点总个数的比值。由于连接的随机性，随机网络的所有节点的度应该接近网络的平均度 $<k>$。随机网络的度分布为二项分布（Binomial）或大规模极限下的泊松分布（Poisson Distribution），其峰值为 $<k>$，在远离峰值处呈指数下降。在无尺度网络中，如论文引用网络、WWW、Internet、代谢网络，电话呼叫网络和人之性关系网络等，其度分布都呈一种幂律分布（Power-law Distribution），也就是分布函数的形式为 $P(k) \sim k^{-\gamma}$，其中 $\gamma$ 一般介于 2～3 之间。

同时研究者也发现，在非泊松度分布的真实网络中，除了幂律分布外，还存在其他形式的度分布。如电力网络的度分布服从指数分布，在单对数坐标系下是一条下降的直线；也存在幂律加指数截断（Cutoff）的度分布的网络，如电影演员合作网络以及蛋白质相互作用网络。

## （四）度和聚类系数之间的相关性/选型连接性（Assortativeness）

网络中度和聚类系数之间的相关性被用来描述不同网络结构之间的差异，包括两方面内容：节点的度相关性和节点度分布与其聚类系数之间的相关性。前者也称为网络选型连接性（或选型相关性），指的是网络中与高度数（或低度数）节点相连接的节点的度数偏向于高还是低。若连接度大的节点趋向于和其他连接度大的节点连接，则认为网络呈现协调混合；若连接度大的节点趋向于和其他连接度小的节点连接，则认为网络呈现非协调混合。研究中常用相关系数来描述网络的选型连接性。

相关系数的定义为：

$$\Gamma = \frac{c\sum_i j_i k_i - \left[c\sum_i \frac{1}{2}(j_i + k_i)\right]^2}{c\sum_i \frac{1}{2}(j_i^2 + k_i^2) - \left[c\sum_i \frac{1}{2}(j_i + k_i)\right]^2} \tag{1-5}$$

式中，$j_i$，$k_i$ 为与第 $i$ 条边关联的两个节点的度；$c = 1/m$，$m$ 是网络中边的条数。实际的网络的选型连接性有一些呈现协调混合（$\Gamma > 0$），一些呈现非协调混合（$\Gamma < 0$）。如，社会网络（演员合作网络、公司董事网络、电子邮箱网络）中节点具有正的度的相关性，而节点度分布与其聚类系数之间却具有负的相关性。其他类型的网络（信息网络、技术网络、生物网络）则相反。因此，这两种相关性也被认为是社会网络区别于其他类型网络的重要特征，在社会网络的研究中引起了人们的高度重视。

## （五）网络健壮性（Robustness）/网络弹性

许多实际复杂系统表现出惊人的容错能力，这引起研究者的广泛关注。举例来说，复杂的通信网络呈现高度的健壮性，常规的局部失效及关键部件的故障很少会导致网络的整体信息承载传送能力的丧失，这种网络的稳定性常被人们归因于网络的冗余连接。但是除了冗余之外，网络的拓扑是否对其稳定与健壮性有一定作用呢？网络对部件失效或者连接失败的抗拒能力称为网络的健壮性或者恢复力（Resilience）。

网络的功能依赖其节点的连通性，即，依赖于节点间存在的路径。网络节点的删除对网络连通性的影响称为网络弹性，其分析方式有两种：随机删除和有选择的删除，分别称为网络的健壮性分析和网络的脆弱性分析。Albert和Barabási对度分布服从指数分布的随机网络模型和度分布服从幂律分布的无尺度网络进行了研究，结果显示：随机删除节点基本上不影响无尺度网络的平均路径长度，即对随机节点的删除具有高度弹性；相反，有选择的删除度数最大的节点时，无尺度网络的平均路径长度较随机网络的增长快得多。这表明，无尺度网络相对随机网络具有较强的鲁棒性和易受攻击性。出现上述现象的原因在于：幂律分布网络中存在的少数具有很大度数的节点，它们在网络连通中扮演着关键角色，一般也称它们为 Hub 节点。

## （六）介数/居间中心性（Betweenness Centrality，BC）

介数分为边介数和节点介数，节点的介数为网络中所有的最短路径中经过该节点的数量比例，节点 $k$ 的介数定义为：

$$g_k = \sum_{i \neq j} g_k(i,j) = \sum_{i \neq j} \frac{C_k(i,j)}{C(i,j)} \tag{1-6}$$

式中，$C_k(i,j)$ 表示节点 $i$ 和 $j$ 之间最短路径中经过节点 $k$ 的次数；$C(i,j)$ 则表示节点 $i$ 和 $j$ 之间最短路径的总数目。介数反映了相应的节点或者边在整个网络中的作用和影响力，具有很强的现实意义。社会学中常用这个指标描述指定的人在社会中的影响力，介数在社会关系网络或技术网络中的分布特征反映了不同人员、资源和技术在相应社会关系或生成关系中的地位，这对于在网络中发现和保护关键资源和技术具有重要意义。

边的介数与节点介数的含义类似，是指网络中所有的最短路径中经过该边的数量比例，多应用于网络中的社区结构的识别，这方面的内容将在第三章给出详细介绍。

# 第二节　复杂网络模型

真实网络所表现出来的小世界特性、无尺度幂律分布或高聚集度等现象促使人们从理论上构造出多样的网络模型，以解释这些统计特性，探索形成这些网络的演化机制。本节介绍了几个经典网络模型的原理和构造方法，包括 ER 随机网络模型、BA 无尺度网络模型和小世界模型。

## 一、ER 随机网络模型

Erdös-Rényi 随机网络模型（简称 ER 随机网络模型）是匈牙利数学家 Erdös 和 Rényi 提出的一种网络模型。1959 年，为了描述通信和生命科学中的网络，Erdös 和 Rényi 提出，通过在网络节点间随机地布置连接，就可以有效地模拟出这类系统。这种方法及相关定理的简明扼要，导致了图论研究的复兴，数学界也因此出现了研究随机网络的新领域。ER 随机网络模型在计算机科学、统计物理、生命科学、通信工程等领域都得到了广泛应用。

ER 随机网络模型是个机会均等的网络模型。在该网络模型中，给定一定数目的个体（节点），它和其他任意一个个体（节点）之间有相互关系（连接）的概率相同，记为 $p$。因为一个节点连接 $k$ 个其他节点的概率，会随着 $k$ 值的增大而呈指数递减。这样，如果定义 $k$ 为每个个体所连接的其他个体的数目，可以知道连接概率 $P(k)$ 服从钟形的泊松（Poisson）分布，有时随机网络也称作指数网络。

随机网络理论有一项重要预测：尽管连接是随机安置的，但由此形成的网络却是高度民主的，也就是说，绝大部分节点的连接数目会大致相同。实际上，随机网络中连接数目比平均数高许多或低许多的节点，都十分罕见。

在过去 40 多年里，科学家习惯于将所有复杂网络都看作是随机网络。在 1998 年研究描绘万维网（以网页为节点、以超级链接为边）的项目时，学者们原以为会发现一个随机网络：人们会根据自己的兴趣，来决定将网络文件链接到哪些网站，而个人兴趣是多种多样的，可选择的网页数量也极其庞大，因而最终的链接模式将呈现出相当随机的结果。

然而，事实并非如此。因为在万维网上，并非所有的节点都是平等的。在选择将网页链接到何处时，人们可以从数十亿个网站中进行选择。然而，我们中的大部分人只熟悉整个万维网的一小部分，这一小部分中往往包含那些拥有较多链接的站点，因为这样的站点更容易为人所知。只要链接到这些站点，就等于造就或加强了对它们的偏好。这种"择优连接（Preferential Attachment）"的过程，也发生在其他网络中。在 Internet 上，那些具有较多连接的路由器通常也拥有更大的带宽，因而新用户就更倾向于连接到这些路由器上。在美国的生物技术产业内，某些知名公司更容易吸引到同盟者，而这又进一步加强了它在未来合作中的吸引力。类似地，在论文引用网络（论文为节点，引用关系为边）中，被引用次数较多的科学文献，会吸引更多的研究者去阅读并引用它。针对这些网络的"择优连接"的新特性，学者提出了 BA 无尺度网络模型。

## 二、BA 无尺度网络模型

无尺度网络的发现，使人类对于复杂网络的认识进入了一个新的天地。无尺度网络的最主要特征是节点的度分布服从幂次定律。BA 模型是无尺度网络（Scale-free Network）的第一个抽象模型。由于考虑了系统的成长性（Growth）和择优连接性，BA 模型给我们带来了很多启发，并且可以应用于多种实际网络。但是 BA 模型的两个基本假定，对于解释许多现实中的现象来说过于简单，与现实的网络还有较大的距离。有学者试图对 BA 模型进行扩展，即根据现实中的网络，增添某些假定，以便进一步探索复杂网络系统的规律。对 BA 模型的扩充可以考虑三个因素：择优选择的成本、边的重新连接、网络的初始状态。扩充的 BA 模型可以更好地模拟现实世界中的网络现象。

### （一）无尺度网络

1999 年，A. Barabási 和 R. Albert 在对互联网的研究中发现了无尺度网络，使人类对于复杂网络系统有了全新的认识。过去，人们习惯于将所有复杂网络看作是随机网络，但 Barabási 和 Albert 发现互联网实际上是由少数高连接性的页面组织起来的，80％以上页面的链接数不到 4 个。只占节点总数不到万分之一的极少数节点，却有 1000 个以上的链接。这种网页的链接分布遵循所谓的"幂次定律"：任何一个节点拥有 $k$ 条连接的概率，与 $1/k$ 成正比。它不像钟形曲线那样具有一个集中度很高的峰值，而是一条连续递减的曲线。如果取双对数坐标系来描述幂次定律，得到的是一条直线。Scale-free 网络指的是节点的度分布符合幂律分布的网络，由于其缺乏一个描述问题的特征尺度而被称为无尺度网络。其后的几年中，研究者们在许多不同的领域中都发现了无尺度网络。从生态系统到人际关系，从食物链到代谢系统，处处可以看到无尺度网络。

图 1-1 描述了一个随机网络和无尺度网络的例子：美国公路系统为典型

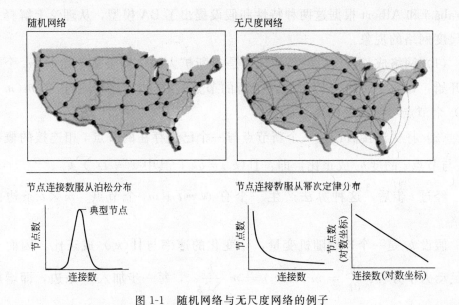

随机网络　　　　　　　　　　无尺度网络

节点连接数服从泊松分布　　　　节点连接数服从幂次定律分布

图 1-1　随机网络与无尺度网络的例子

的随机网络（左上图），其节点间的连接数服从钟形的泊松分布（左下图）；美国航空网则是典型的无尺度网络（右上图），存在少数拥有大量连接的集散节点，而大多数节点拥有较少连接，其节点连接数服从幂次定律分布（右下图）。

## （二）BA 模型及其机制

为什么随机模型与实际不相符合呢？Barabási 和 Albert 在深入分析了 ER 模型之后，发现问题在于 ER 模型讨论的网络是一个既定规模的，不会继续扩展的网络。正是由于现实当中的网络往往具有不断成长的特性，早进入的节点（老节点）获得连接的概率就更大。当网络扩张到一定规模以后，这些老节点很容易成为拥有大量连接的集散节点。这就是网络的"成长性"。其次，ER 模型中每个节点与其他节点连接时，建立连接的概率是相同的。也就是说，网络当中所有的节点都是平等的。这一情况与实际也不相符。例如，新成立的网站选择与其他网站链接时，自然是在人们所熟知的网站中选择一个进行链接，新的个人主页上的超文本链接更有可能指向新浪、雅虎等著名的站点。由此，那些熟知的网站将获得更多的链接，这种特性称为"择优连接"。这种现象也称为"马太效应（Matthew Effect）"或"富者更富（Rich Get Richer）"。

"成长性"和"择优连接"这两种机制解释了网络当中集散节点的存在。

Barabási 和 Albert 根据这两种特性和假设提出了 BA 模型，从理论上解释了无尺度网络的现象。

（1）网络成长假设：网络的规模是不断扩大的。网络从原始的 $m_0$ 个节点开始，每一个时间步长增加一个新的节点，在 $m_0$ 个节点中选择 $m(m<m_0)$ 个节点与新节点相连。

（2）择优连接假设：一个新节点与一个已经存在的节点 $i$ 相连接的概率 $\Pi_i$ 与节点 $i$ 的度 $k_i$ 成正比，即：$\Pi(k_i)=\alpha k_i$，其中 $\alpha=1/\sum_j k_j$。

经过 $t$ 步后，这种算法产生一个有 $N=t+m_0$ 个节点、$m \times t$ 条边的网络。

假设 $k_i$ 是一个连续随机变量，$k_i$ 变化的速率与 $\Pi(k_i)$ 成正比，因而 $k_i$ 满足动力学方程：$\dfrac{\partial k_i}{\partial t}=m\Pi(k_i)=m\dfrac{k_i}{\sum\limits_j k_j}$，每一步加入 $m$ 条边，即增加

了 $2m$ 个度值，于是分母求和项为 $\sum\limits_j k_j=2mt$。则有：$\dfrac{\partial k_i}{\partial t}=\dfrac{k_i}{2t}$。

因为初始条件为 $k_i(t_i)=m$，故此方程的解为：$k_i(t)=m\left(\dfrac{t}{t_i}\right)^{\beta}$，其中 $\beta=$

$1/2$。由上式可以写出度少于 $k$ 的节点的概率：$P[k_i(t)<k]=P\left[t_i>\dfrac{m^{1/\beta}t}{k^{1/\beta}}\right]$，若以等时间隔地向网络中增加节点，则 $t_i$ 值就是一个常数概率密度 $P(t_i)=1/(m_0+t)$。因此，网络中度大于 $k$ 的节点的概率为：

$$P[k_i(t)>k]=P(t_i)\frac{m^{1/\beta}t}{k^{1/\beta}}=\frac{m^{1/\beta}t}{k^{1/\beta}(t+m_0)} \tag{1-7}$$

网络中所有节点的概率之和为 1，所以度小于 $k$ 的节点的概率为：

$$P[k_i(t)<k]=1-\frac{m^{1/\beta}t}{k^{1/\beta}(t+m_0)} \tag{1-8}$$

于是得到的度分布函数为：

$$P(k)=\frac{\partial P[k_i(t)<k]}{\partial k}=\frac{2m^{1/\beta}t}{(m_0+t)k^{1/\beta+1}} \tag{1-9}$$

当 $t\rightarrow\infty$ 时，有 $P(k)\sim 2m^{1/\beta}k^{-\gamma}$，其中 $\gamma=1/\beta+1=3$，由此可以看出 $\gamma$ 与 $m$ 无关。

由以上推导过程可知，BA 模型中的度分布 $P(k)$ 具有幂律特征，度的分布曲线是一条随着 $k$ 增加、$P(k)$ 不断下降的递减曲线。

## （三）BA 模型的改进方向

BA 无尺度模型的关键在于，它把实际复杂网络的无尺度特性归结为增长和优先连接这两个非常简单的机制。当然，这也不可避免地使得 BA 无尺度网络模型和真实网络相比存在一些明显的限制。比如，一些实际网络的局域特性对网络演化结果的影响、外界对网络节点及其连接边删除的影响等。

一般自然的或者人造的现实网络与外界之间有节点交换，节点间连接也在不断变化，网络自身具有一定的自组织能力，会对自身或者外界的变化作出相应的反应。因此，在 BA 模型基础上，可以把模型的动力学过程进行推广，包括对网络中已有节点或者连接的随机删除及其相应的连接补偿机制。对每一个时间步长，考虑如下三种假设：

（1）成长假设：一个带有 $m$ 个择优连接的新节点加入网络，这个新节点选择网络中 $m$ 个节点，即对于每一个连接，一个度为 $k$ 的节点作为目标被选择的概率正比于 $k$；

（2）删除假设：考虑网络中若干个节点，这些节点与其他节点之间的连接边被随机地选作目标边而被删除，导致网络的演化；

（3）补偿假设：网络中失去一个连接，同时产生 $n$ 个连接进行补偿，其中 $n$ 有上确界，是一个受网络补偿能力限制的量，这里的补偿连接所选择的目标节点也遵循择优连接原则。

利用以上三种假设，很多学者已经对 BA 模型进行了有效的改进，读者可参考相关文献，此处不再详述。

## 三、小世界网络模型

复杂网络研究中一个重要的发现是绝大多数大规模真实网络的平均路径长度比想象的小得多，称之为"小世界现象"，或称"六度分离（Six Degrees of Separation）"。所谓小世界现象，是来自社会网络（Social Networks）中的基本现象，即每个人只需要很少的中间人（平均 6 个）就可以和全世界的人建立起联系。在这一理论中，每个人可看作是网络的一个节点，并有大量路径连接着他们，相连接的节点表示互相认识的人。

1998 年，Watts 和 Strogatz 引入了一个介于规则网络和完全随机网络之间的单参数小世界网络模型，称为 WS 小世界模型，该模型较好地体现了社会网络的小平均路径长度和大聚类系数两种现象。

WS 小世界模型的构造方法如下：

（1）从规则图开始，考虑一个含有 $N$ 个节点的规则网络，它们圈成一个环，其中每个节点都与它左右相邻的各 $K/2$ 个节点相连接，$K$ 为偶数；

（2）随机化重连，以概率 $p$ 随机地重新连接网络中的每条边（将边的一个端点保持不变，而另一个端点取为网络中随机选择的一个节点），其中规定，任意两个不同的节点之间至多只能有一条边，并且每一个节点都不能有边与其自身相连。

图 1-2 表示了小世界网络的构造以及它与规则网络、随机网络的关系。在 WS 小世界模型中，$p=0$ 对应于规则网络，$p=1$ 则对应于完全随机网络，通过调节 $p$ 的值就可以控制从规则网络到完全随机图的过渡。因此，WS 小世界网络是介于规则网络和随机网络之间的一种网络。

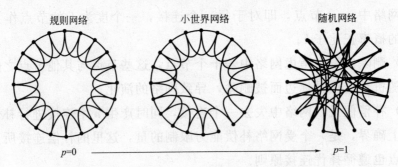

图 1-2　小世界网络的构造及与规则网络和随机网络的关系

WS 小世界模型构造算法中的随机化过程有可能破坏网络的连通性。因此，Newman 和 Watts 稍后提出了 NW 小世界模型。NW 小世界模型的构造方法如下：

（1）从规则图开始，考虑一个含有 $N$ 个点的规则网络，它们圈成一个环，其中每个节点都与它左右的相邻的各 $K/2$ 节点相连，$K$ 是偶数；

（2）随机化加边，以概率 $p$ 随机选取的一对节点之间加上一条边。其中规定，任意两个不同的节点之间至多只能有一条边，并且每一个节点都不能有边与自身相连。

NW 模型只是将 WS 小世界模型构造中的"随机化重连"改为"随机化加边"。图 1-3 显示了 WS 小世界模型与 NW 小世界模型的构造区别，其中图 1-3(a) 是 WS 小世界模型的构造，图 1-3(b) 是 NW 小世界模型的构造。NW 模型不同于 WS 模型之处在于它不切断规则网络中的原始边，而是以概

率 $p$ 重新连接一对节点。这样构造出来的网络同时具有大的聚类数和小的平均距离。NW 模型的优点在于其简化了理论分析，因为 WS 模型可能存在孤立节点，但 NW 模型不会。当 $p$ 足够小和 $N$ 足够大时，NW 小世界模型本质上就等同于 WS 小世界模型。

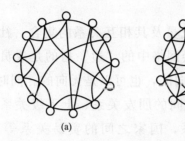

图 1-3 小世界模型

(a) WS 小世界模型构造：随机重连；(b) NW 小世界模型构造：随机加边

小世界网络模型反映了实际网络所具有的一些特性，例如朋友关系网，大部分人的朋友都是和他们住在同一个地方，其地理位置不是很远，或只在同一单位工作或学习的同事和同学。另一方面，也有些人住得较远的，甚至是远在异国他乡的朋友，这种情形好比 WS 小世界模型中通过重新连线或在 NW 小世界模型中通过加入连线产生的远程连接。

小世界网络模型的主要特征之一是节点之间的平均距离随远程连接的个数而指数下降。对于规则网络，平均距离 $L$ 可估计为 $L$ 正比于 $N$；而对于小世界网络模型，$L$ 正比于 $\ln(N)/\ln(K)$。例如，对于一个千万人口的城市，人与人的平均接触距离是 6 左右，这使得生活人群之间的距离大大缩短。该模型由一个规则的环组成，通常是一个一维的几乎具有周期性边界条件的环（即环中每个节点几乎都连接到一固定数目的邻近节点）和少量的随机选取节点连接成的"捷径"（重新连接现存的边）。小世界网络同时具有"高网络聚集度"和"低平均路径"的特性。

从小世界网络模型中可以看到，只要改变很少的几个连接，就可以剧烈的改变网络的性能。这样的性质也可以应用其他网络，尤其是对已有网络的调整方面。例如，蜂窝电话网，改动很少几条线路（低成本、低工作量）的连接，就可以显著提高性能。也可以应用到互联网的主干路由器上，以改变流量和提高传输速度。同样的思路也可以应用到电子邮件的快速传递、特定 Web 站点的定位等。

# 第三节　社会网络及其分析方法

## 一、社会网络

"社会网络"指的是社会成员及其相互关系的集合。社会网络中所说的"点"是各个社会成员，而社会网络中的"边"指的是成员之间的各种社会关系。成员间的关系可以是有向的，也可以是无向的。同时，社会关系可以表现为多种形式，如人与人之间的朋友关系、上下级关系、科研合作关系等，组织成员之间的沟通关系，国家之间的贸易关系等。社会网络分析（Social Network Analysis）就是要对社会网络中行为者之间的关系进行量化研究，是社会网络理论中的一个具体工具。

社会网络通常表达人类的个体通过各种关系连接起来，比如朋友、婚姻、商业等，这些连接宏观上呈现出一定的模式。很早的时候，一些社会学家开始关注人们交往的模式。Ebel 等进行了一个电子邮件版的小世界问题的实验，完成了 Kiel 大学的 5000 个学生的 112 天电子邮件连接数据，节点为电子邮件地址，连接为消息的传递，得到带指数截断的幂律度分布，指数为 $\gamma = 1.18$。同时证明，该网络是小世界的，平均分隔为 4.94。

## 二、分析方法

### （一）中心性分析

"中心性"是社会网络分析的重点之一，用于分析个人或组织在其社会网络中具有怎样的权力，或者说居于怎样的中心地位，这一思想是社会网络分析者最早探讨的内容之一。

个体的中心度（Centrality）测量个体处于网络中心的程度，反映了该点在网络中的重要性程度。网络中每个个体都有一个中心度，刻画了个体特性。除了计算网络中个体的中心度外，还可以计算整个网络的集中趋势（可简称为中心势，Centralization）。网络中心势刻画的是整个网络中各个点的差异性程度，一个网络只有一个中心势。根据计算方法的不同，中心度和中心势都可以分为 3 种：点度中心度/点度中心势，中间中心度/中间中心势，接近中心度/接近中心势。

### 1. 点度中心性

在一个社会网络中，如果一个个体与其他个体之间存在大量的直接联系，那么该个体就居于中心地位，在该网络中拥有较大的"权力"。在这种思想的指导下，网络中一个点的点度中心性就可以用网络中与该点之间有联系的点的数目来衡量，这就是点度中心度。

网络中心势指的是网络中点的集中趋势，其计算依据如下步骤：首先找到图中的最大点度中心度的数值，然后计算该值与任何其他点的中心度的差值，再计算这些"差值"的总和，最后用这个总和除以各个"差值"总和的最大可能值。

### 2. 中间中心性

在网络中，如果一个个体位于许多其他两个个体之间的路径上，可以认为该个体居于重要地位，因为他具有控制其他两个个体之间的交往能力，这种特性用中间中心度描述，它测量的是个体对资源控制的程度。一个个体在网络中占据这样的位置越多，代表它具有很高的中间中心性，就有越多的个体需要通过它才能发生联系。

中间中心势定义为网络中中间中心性最高的节点的中间中心性与其他节点的中间中心性的差距，用于分析网络整体结构。中间中心势越高，表示该网络中的节点可能分为多个小团体，而且过于依赖某一个节点传递关系，说明该节点在网络中处于极其重要的地位。

### 3. 接近中心性

接近中心性用来描述网络中的个体不受他人"控制"的能力。在计算接近中心度的时候，我们关注的是捷径，而不是直接关系。如果一个点通过比较短的路径与许多其他点相连，我们就说该点具有较高的接近中心性。

对一个社会网络来说，接近中心势越高，表明网络中节点的差异性越大；反之，则表明网络中节点间的差异越小。

### （二）凝聚子群分析

### 1. 凝聚子群

当网络中某些个体之间的关系特别紧密，以至于结合成一个次级团体时，这样的团体在社会网络分析中被称为凝聚子群。分析网络中存在多少个这样的子群，子群内部成员之间关系的特点，子群之间关系特点，一个子群的成员与另一个子群成员之间的关系特点等就是凝聚子群分析。由于凝聚子群成员之间的关系十分紧密，因此有的学者也将凝聚子群分析形象地称为"小团体分析"或"社区现象"，其定义和发现方法将在本书下面章节中详细介绍。

**2. 凝聚子群密度**

凝聚子群密度（External-Internal Index，E-I Index）主要用来衡量一个大的网络中小团体现象是否十分严重，在分析组织管理等问题时非常有效。最差的情形是大团体很散漫，核心小团体却有高度内聚力。另外一种情况是，大团体中有许多内聚力很高的小团体，很可能就会出现小团体间相互斗争的现象。凝聚子群密度的取值范围为 $[-1, +1]$。该值越向 1 靠近，意味着派系林立的程度越大；该值越接近 $-1$，意味着派系林立的程度越小；该值越接近 0，表明关系越趋向于随机分布，未出现派系林立的情形。

E-I Index 可以说是企业管理者的一个重要的危机指数。当一个企业的 E-I Index 过高时，就表示该企业中的小团体有可能结合紧密而开始图谋小团体私利，从而伤害到整个企业的利益。其实 E-I Index 不仅仅可以应用到企业管理领域，也可以应用到其他领域，比如用来研究某一学科领域学者之间的关系。如果该网络存在凝聚子群，并且凝聚子群的密度较高，说明处于这个凝聚子群内部的这部分学者之间联系紧密，在信息分享和科研合作方面交往频繁，而处于子群外部的成员则不能得到足够的信息和科研合作机会。从一定程度上来说，这种情况也是不利于该学科领域发展的。

**3. 核心-边缘结构分析**

核心-边缘（Core-Periphery）结构分析的目的是研究社会网络中哪些节点处于核心地位，哪些节点处于边缘地位。核心-边缘结构分析具有较广的应用性，可用于分析精英网络、论文引用关系网络以及组织关系网络等多种社会现象。

根据关系数据的类型（定类数据和定比数据），核心-边缘结构有不同的形式。定类数据和定比数据是统计学中的基本概念，一般来说，定类数据是用类别来表示的，通常用数字表示这些类别，但是这些数值不能用来进行数学计算；定比数据是用数值来表示的，可以用来进行数学计算。如果数据是定类数据，可以构建离散的核心-边缘模型；如果数据是定比数据，可以构建连续的核心-边缘模型。离散的核心-边缘模型，根据核心成员和边缘成员之间关系的有无及紧密程度，又可分为 3 种：核心-边缘全关联模型、核心-边缘局部关联模型、核心-边缘关系缺失模型。

如果把核心和边缘之间的关系看成是缺失值，就构成了核心-边缘关系缺失模型。这里介绍适用于定类数据的 4 种离散的核心-边缘模型。

（1）核心-边缘全关联模型。网络中的所有节点分为两组，其中一组的成员之间联系紧密，可以看成是一个凝聚子群（核心），另外一组的成员之间没有联系，但该组成员与核心组的所有成员之间都存在关系。

（2）核心-边缘无关模型。网络中的所有节点分为两组，其中一组的成员之间联系紧密，可以看成是一个凝聚子群（核心），而另外一组成员之间则没有任何联系，并且同核心组成员之间也没有联系。

（3）核心-边缘局部关联模型。网络中的所有节点分为两组，其中一组的成员之间联系紧密，可以看成是一个凝聚子群（核心），而另外一组成员之间则没有任何联系，但是它们同核心组的部分成员之间存在联系。

（4）核心-边缘关系缺失模型。网络中的所有节点分为两组，其中一组的成员之间的密度达到最大值，可以看成是一个凝聚子群（核心），另外一组成员之间的密度达到最小值，但是并不考虑这两组成员之间关系密度，而是把它看作缺失值。

# 第二章 社区现象

## 第一节 社区概念

### 一、共同体与社区

随着近代社会城市化的进一步发展，出现了大量居民聚居于一处的现象，聚居在一起的居民沟通交流非常频繁方便，于是人们便用社区来指代聚居的范围及其成员。社区是介于城市和个人的一个概念范围，社区内的成员之间居住地距离很近，而社区内成员与社区外成员居住地距离较远。在很多情况下，社区的范围不是以地理位置衡量的，而是以成员的其他特征进行划分，如个人兴趣、所属组织等。

"社区"一词最初来自于德国社会学家滕尼斯（Ferdinand Tonnies）于1887年出版的《共同体与社会》（Gemeinschaft und Gesellschaft）一书。德文"Gemeinschaft"一词原意为"共同体"，表示任何基于协作关系的有机组织形式，也可译作"团体"、"集体"、"公社"，后被译作英文"Community"，引入我国时被译作汉语"社区"。

滕尼斯将"共同体"与"社会"相比照，主要是用来表示一种理想类型，引用他的话就是："关系本身即结合，或者被理解为现实的和有机的生命——这就是共同体的本质，或者被理解为思想的和机械的形态——这就是社会的概念……一切亲密的、秘密的、单纯的共同生活……被理解为在共同体里的生活。社会是公众性的，是世界。人们在共同体里与同伙一起，从出生之时起，就休戚与共，同甘共苦。人们走进社会就如同走进他乡异国。"

吴文藻对此的解释是："'自然社会'与'人为社会'的区别，乃是了解杜尼斯（即滕尼斯——作者）社会学体系的锁匙……由这'本质意志'而产生了他所谓的'自然社会'……反之，'作为意志'形成了杜氏所谓之'人为社会'……试将人为社会与自然社会来对比：自然社会是本质的，必需的，有机的；人为社会是偶然的，机械的，理性的。自然社会是感情的结合，以齐一心志为纽带；人为社会是利害的结合，以契约关系为纽带。"

滕尼斯在提出与 "Gesellschaft"（社会）相区分的 "Gemeinschaft" 这一概念时，旨在强调人与人之间所形成亲密关系和共同的精神意识以及对 "Gemeinschaft" 的归属感、认同感；而且他强调得更多的是一种研究的路径、一种 "理想类型"。因此，在滕尼斯的视野中，"Gemeinschaft" 的含义十分广泛，不仅包括地域共同体，还包括血缘共同体和精神共同体，人与人之间具有共同的文化意识是其精髓，所以将 "Gemeinschaft" 译作 "共同体" 应该说更贴近滕尼斯的本意。

随着工业化和城市化的发展，滕尼斯所提出的 "Gemeinschaft" 逐渐引起社会学家的研究兴趣。在第一次世界大战以后的 20 世纪 20 年代，美国的社会学家把滕尼斯的 "Gemeinschaft" 一词译为英文的 "Community"，并很快成为美国社会学的主要概念之一。英文 "Community" 一词源于拉丁语 "Communitas"，有 "共同性"、"联合" 或 "社会生活" 等的意思。美国的芝加哥学派把社区问题作为其研究重点，对美国不同类型的地域社会及其变迁进行了深入研究，获得了丰富的研究成果。

## 二、社区概念的发展

从滕尼斯提出 "Gemeinschaft" 概念的一百多年来，随着社会变迁和社会学学科的发展，社区研究引起社会学家和人类学家的普遍关注，"社区" 的内涵不断得到丰富，人们对它的理解也发生了很大的变化。由于在不同国家、不同文化以及不同的历史发展阶段，社区研究有着不同的实践，因此学者们关于社区的定义和解释也就多种多样，对于社区内涵和外延的界定出现了多元化的趋向，对于究竟何为社区，也就颇多歧见。

据美国社会学家希勒里（George Hillary）的统计，到 20 世纪 50 年代，各种不同的社区定义已有 90 余种。在这些定义中，有的从社会群体、过程的角度去界定社区；有的从社会系统、社会功能的角度去界定社区；有的从地理区划（自然的与人文的）去界定社区；还有从归属感、认同感及社区参与的角度来界定社区。这些定义与滕尼斯提出的社区概念相比，不论内涵还是外延都发生了很大的变化。

"社区"的定义众说纷纭，但归纳起来可分为两大类：一类是功能的观点，强调精神层面，认为社区是由有共同目标和共同利害关系的人组成的社会团体；另一类是地域的观点，强调社区的地域性，认为社区是在一个地区内共同生活的有组织的人群。当社区被界定为一个相对独立的地域社会之后，把社区理解为"地域社会"已与滕尼斯提出的概念相去很远，因为滕尼斯提出这一概念时，并没有强调它的地域特征，而是强调社区是具有共同归属感的社会团体，英文"Community"早先也没有"地理区划"的含义。如果说目前涉及基层政权建设的对法定社区的界定是对滕尼斯意义上社区概念的偏离，那么虚拟社区的出现算得是对滕尼斯描述的理想生活的一种回归。

## 三、中国的社区概念

"社区"一词是在20世纪30年代转道由美国被引进中国的。1933年，费孝通等翻译美国社会学家帕克的社会学论文，第一次将英文"Community"译为"社区"。在向国人推介"社区"概念的过程中，吴文藻也起到过重要的作用。他在当年的讲演中曾解释说："'社区'一词是英文Community的译名，这是和'社会'相对而称的。我所要提出的新观点即是从社区着眼，来观察社会，了解社会。因为要提出这个新观点，所以不能不创造这个新名词。这个译名，在中国词汇里尚未见过，故需要较详细的解释……"。由此可以看到，中文的"社区"一词是辗转翻译而来的，它经历了从德文的"Gemeinschaft"到英文的"Community"，然后到中文的"社区"的过程。"社"是指相互有联系、有某些共同特征的人群，"区"是指一定的地域范围。

自从"Community"概念被以"社区"为语言符号引进中国之后，人们对它的理解便含有了地域性的因素。吴文藻认为，滕尼斯在使用社区概念时，虽然没有提及地域特征，但他将社区概念降至社会之下，已具有地域性意义。吴文藻和费孝通等人把社区理解为有边界的相对封闭的实体，是基于对中国的现实社会进行实证研究的这一需要出发的。吴文藻有选择地引进人类学的功能学派理论，而该学派的奠基人马林诺斯基就认为，只有在一个边界明晰、自成一体的社会单位里，才能研究整体文化中各个因素的功能。20世纪30年代，中国部分社会学家接受了马氏的影响，认为以全盘社会结构的格式作为研究对象，这对象必须是具体的社区。费孝通曾经做过这样的小结："（社会学的研究对象）并不能是概然性的，必须是具体的社区，因为联系着各个社会制度的是人们的生活，人们的生活有时空的坐落，这就是社区。"也就是说，社会作为全体社会关系的总和，具有抽象性和宏观性，很难着手对其进行研究，而研究更为具体和微观的社区则具有很强的可操作性。

改革开放之后，社会转型加速，社区建设蓬勃发展，"社区"也成为中国百姓日常生活里使用频率很高的词汇之一，并受到广泛关注，成为包括社会学家在内的许多领域的专家和实际工作者研究的新课题。

社区里的人们通过共同生活、共同劳动而相互熟悉，形成共同的社区意识。社区意识就是人们对所在社区的认同感、归属感和参与感。在小型居住社区里，人们还会形成相互帮助、相互照应的亲密情感联系。一个成熟的社区具有政治、经济、文化、教育、服务等多方面的功能，能够满足社区成员的多种需求。根据我国社会发展状况，目前应当重点培育和完善的社区功能有以下几种。

（1）管理功能：管理生活在社区的人群的社会生活事务；

（2）服务功能：为社区居民和单位提供社会化服务；

（3）保障功能：救助和保护社区肉质弱势群体；

（4）教育功能：提高社区成员的文明素质和文化修养；

（5）安全稳定功能：化解各种社会矛盾，保证居民生命财产安全。

# 第二节　虚拟社区及社区现象

## 一、虚拟社区

"虚拟社区"概念译自英文"Virtual Community"。其实除了"虚拟的"之外，"Virtual"一词还有"实际上起作用的、实质上的"之意。国外有学者指出，"Virtual Community"的意义在于"基于互联网衍生出来的社会群聚现象，也就是一定规模的人们，以充沛的感情进行某种程度的公开讨论，在互联网空间中形成的个人关系网络"，可以简单理解为"互联网上隐形的共同体"。国内有的学者认为虚拟社区是由一批网友自动聚集并相对固定在一定的网际空间进行如信息发布、言论交流等活动的地方；也有些学者从行动结合体或社会群体的角度界定虚拟社区，认为它是人们在电子空间里通过精神交往所形成的具有共同归属感的联合体。

尽管大家从不同的角度去考察虚拟社区，但对它的本质有着统一的认识，即虚拟社区存在于和日常物理空间不同的电子网络空间（Cyberspace），社区的居民为网民（Netizen），他们在一定的网际空间围绕共同的需要和兴趣进行交流等活动，并且形成了共同的文化和对社区的认同感与归属感。

虚拟社区概念是与传统的实际社区（Real Community）相对应的，它也具有实际社区的基本要素——有一定的活动区域、一定数量固定的人群（网民）、频繁的互动、共同的社会心理基础。虚拟社区是信息技术发展之后形成的崭新的人类生存空间，在某种意义上说它更接近滕尼斯所提出的"共同体"的那种原始的意义。虚拟社区与实际社区最大的差异是在地域空间的界定上。实际社区通常强调地域环境的影响，其社区形态都存在于一定的地理空间中。实际上，社区是居住在同一地域内的人们形成的地域性共同体。虚拟社区没有物理意义上的地域边界，虚拟社区的非空间组织形态以及成员的异地性，使其成员可能散布于各地，即一个个体可以生活在多个虚拟社区里。由此看来，虚拟社区更强调作为"共同体"的社会心理基础，而并不关注社区的地域属性。

虚拟社区使网络空间内的人际交往超越了地理界限的限制，可以说它是一个无物理边界的社区，具有很大程度的开放性。在虚拟社区里，具有共同兴趣和爱好的人们，经过频繁的互动形成了共同的文化心理意识以及对社区的归属感和凝聚力。

## 二、社区现象

无论实际社区还是虚拟社区，都将人们的活动空间（地域或网域）作为社区划分的依据。但在现实世界中，有很多个体间的联系并不是以活动空间为基础的。例如，所有的科学研究人员构成一个全集，我们会发现某些研究人员阅读同样的学术期刊、参加同样的学术会议、频繁地互相发送电子邮件、访问相同的网站等，这些研究人员发生的关联有些是显性的，如发送电子邮件，另一些是隐性的，如阅读同样的期刊。这些具有关联的个体所构成的集合可称为社区，这种能够将全集划分为若干社区的现象称为社区现象。

根据上例中的关系划分的社区，反映了同一个社区中的个体具有相同的感兴趣领域。虽然也可用其他方法或人工将全集划分为若干子集，但由于关联（尤其是隐性的关联）繁多，个体的兴趣领域也处于不断变化中，导致其他方法产生的划分很难准确反映具有相同兴趣领域这样的隐性关系。

在很多情况下，社区并不是显性存在的，而是隐藏在众多繁杂的关系背后。若能将隐藏的社区挖掘出来，则可充分利用个体的社区关系，进行深入的应用。本书以后章节中出现的"社区"，除上下文特别指明之外，都是指隐性的社区。

# 第三节　社区发现

社区发现是指在一个集合中，根据元素之间的某种关系，将集合划分为若干社区（可交叉的子集）的过程。社区发现最基本的作用是将个体进行社区分类，将个体划分到若干社区中。划分得到的社区，可以为其成员提供个性化服务和信息推荐，也可用于以社区为活动单位的实际应用，如网络文化安全预警、社会行为分析等。

例如在图 2-1 中所示的网络中，小圆圈代表网络节点，边代表节点之间的关系。根据对此网络的观察，我们发现某些节点之间关系密切（边较多），而这些节点和另外的节点之间关系很少。我们将这些关系密切的节点划分为

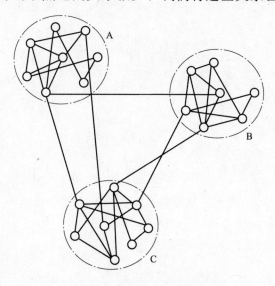

图 2-1　具有三个社区结构的网络

一个社区，而将关系较少的节点划分到另外的社区，就会形成若干个社区划分，如图 2-1 中的网络被划分为三个社区，被三个大圆圈 A、B 和 C 标识，每个大圆圈内的节点为同一个社区的成员。具体的社区发现技术将在第三章和第四章中详细介绍。

# 第三章　社区发现技术

为了研究网络中社区结构的特性，研究人员对寻找网络中的社区结构的方法进行了探索和研究。目的主要是通过有效的算法，利用尽量少的信息得到尽量准确的网络社区结构。目前已经存在若干社区发现方法，包括谱分析、最优化目标函数、基于连边密度、介数、信息中心度、随机行走等，其中最具有代表性的是计算机科学中的图分割（Graph Partitioning）方法、社会学领域中的层次聚类（Hierarchical Clustering）方法、W-H 算法和 GN 算法。

## 第一节　图分割方法

通常将图分割社区发现方法看作计算机科学领域的社区发现技术，图分割方法的典型应用是计算机领域的并行计算。假如我们要将 $n$ 个相互连通的计算机进程分配到 $g$ 个计算机处理器上，进程并不需要跟其他所有进程进行通信。进程之间的通信关系可以用一个图或一个网络来表示，节点表示进程，边所连接的节点表示需要相互通信的进程。相对于同一处理器上的两个任务之间的通信代价，不同处理器上两个任务之间通信的代价是非常高的。因此，为了提高处理的效率，应减少不同处理器上的任务之间的通信。该问题的目标是要找到一种进程分配方案，在基本保持处理器负载平衡的前提下，使所需处理器的数量和处理器之间的通讯量都达到最少。通常认为要为这类划分任务找一个确切的解决方案是一个 NP 完全问题，对于大规模的网络非常困难。经过多年努力，人们已经设计了很多启发式算法，并从中找到了一些较好的解决方案。其中最著名的是谱平分法和 Kernighan-Lin 算法。

实际上，多数图分割方法是基于迭代对分（Iterative Bisection）的：首先把整个图分解为最优的两个子图，然后对两个子图分别进行最优分解，反复进行同样的处理，直到得到足够数目的子图。图分割算法大体分为谱平分法和 Kernighan-Lin 算法两类。

## 一、预备知识

设 $G=(V,E)$ 是一个有 $n$ 个节点的无向图，顶点集为 $V(G)=\{v_1,$ $v_2,\cdots,v_n\}$，边集为 $E(G)=\{e_1,e_2,\cdots,e_m\}$。定义 $G$ 的邻接矩阵：

$$A(G)=[a_{ij}]_{n\times n} \tag{3-1}$$

其中 $a_{ii}=0$；$a_{ij}$ 为 $v_i$ 和 $v_j$ 之间边的数目（无边时取 0），$i=1,2,\cdots,n$，$j=1,2,\cdots,n$。

定义 $G$ 的顶点度矩阵：

$$D(G)=[d_{ij}]_{n\times n}, \tag{3-2}$$

其中 $d_{ii}=\sum_{j=1}^{n}a_{ij}$，$d_{ij}=0(i\neq j)$。$D(G)$ 是一个对角矩阵。

定义 $G$ 的拉普拉斯（Laplace）矩阵 $L(G)$：

$$L(G)=D(G)-A(G) \tag{3-3}$$

其中，$D(G)$ 是 $G$ 的顶点度矩阵，$A(G)$ 是 $G$ 的邻接矩阵。

由以上定义可知，一个有 $n$ 个节点的无向图 $G$ 的拉普拉斯矩阵 $L$，是一个 $n\times n$ 的对称矩阵，且 $L$ 的对角元素 $L_{ii}$ 的值为节点 $i$ 的度。如果节点 $i$ 和 $j$ 之间有边连接，则非对角元素 $L_{ij}$ 的值为 $-1$；否则，$L_{ij}$ 的值为 0。因为矩阵的任一行或任一列的元素之和都为 0，所以向量 $(1,1,\cdots,1)$ 始终是该矩阵的特征值为 0 的特征向量。

## 二、谱平分法

从理论上可以证明，在拉普拉斯矩阵的不为零的特征值所对应的特征向量中，同一个社区内的节点所对应的元素是近似相等的，这就是谱平分法（Spectral Bisection）的理论基础。

考虑网络社区结构的一种特殊情况：在一个网络中仅存在两个社区的情况下，网络的拉普拉斯矩阵就对应了两个近似的对角矩阵块。对一个实对称的矩阵而言，它的非退化的特征值对应的特征向量总是正交的。因此，除最小特征值 0 以外，其他特征值对应的特征向量总是包含正、负两种元素。这样，当网络由两个社区构成时，就可以根据非零特征值相应特征向量中的元素所对应的网络节点进行分类。其中，所有正元素对应的那些节点都属于同一个社区，而所有的负元素对应的节点则属于另一个社区。因此，我们可以根据网络的拉普拉斯矩阵的第二小的特征值 $\lambda_2$ 将其分为两个社区。这就是谱平分法的基本思想。

当网络的确是分成两个社区时，用谱平分法可以得到非常好的效果。但是，当网络不满足这个条件时，谱平分法的优点就不能得到充分体现。事实上，第二小特征值 $\lambda_2$ 可以作为衡量谱平分法效果的标准：它的值越小，平分的效果就越好。$\lambda_2$ 也称为图的代数连接度（Algebra Connectivity）。一般情况下，计算一个 $n \times n$ 矩阵的全部特征向量的时间复杂度为 $O(n^3)$。但是，在大多数情况下，实际网络的拉普拉斯矩阵是一个稀疏矩阵，可以用 Lanczos 方法快速计算主要的特征向量。该方法的时间复杂度大致为 $O(m)$，$m$ 是网络中边的数量。这样，计算的速度可以得到很大程度的提高。如果不能很快将 $\lambda_2$ 从其他特征值中分离出来，该算法就可能在一定程度上有所减慢。换句话说，当网络很明显的分成两个社区时，该算法的速度非常快；否则，该算法就未必很有效。

## 三、Kernighan-Liu 算法

Kernighan-Liu 算法，简称 KL 算法，该算法通过基于贪婪优化的启发式过程把网络分解为两个规模已知的社区。该算法为网络的划分引入一个增益函数 $Q$，定义为落在两个社区内部的边数与落在两个社区之间的边数的差，然后寻找使 $Q$ 值最大的划分方法。

**算法 3-1　Kernighan-Liu 算法**

第一步：指定社区的规模（节点数）；

第二步：随机配置两个社区 A 和 B 内的节点；

第三步：定义增益函数 $Q$；

第四步：选定社区 A 中的一个节点 $N$；

第五步：计算将 $N$ 与社区 B 中未被交换过所有节点的 $Q$ 增益，即 $\Delta Q = Q_{交换后} - Q_{交换前}$，选中使 $\Delta Q$ 最大的节点 $M$；

第六步：交换 $N$ 和 $M$；

第七步：重复执行第四步至第六步，直到社区 A 或社区 B 中的所有节点均被交换过。

需要说明的是，在交换节点对的过程中，增益函数 $Q$ 的值并不一定是

单调增加的。如果某次交换会导致 $Q$ 值有所下降，$Q$ 必然会在其后的交换过程中得到更大的值。该算法最差的情况下，时间复杂度是 $O(n^2)$，$n$ 是网络中的节点数。

KL算法的主要缺点是必须明确地知道社区的大小，如果指定的值和实际的情况不一致，就会出现错误的社区结构划分。当然，也可采取以下方法解决初始化社区大小的问题：不指定社区大小，而是针对不同的社区大小，分别运行该算法，然后从各个划分中寻找增益函数 $Q$ 值最高的那个划分作为社区发现结果。这样一来，算法的时间复杂度就由 $O(n^2)$ 变为了 $O(n^3)$。事实上，以上办法是行不通的，$Q$ 值通常是在划分非常不对称的情况下产生的，因此，与 $Q$ 的全局最大值对应的划分是一个包含网络中全部节点的社区和不包含任何节点的社区。研究人员提出许多启发式方法来优化 $Q$ 值，包括：贪婪方法、模拟退火算法、极值优化方法等，并取得了不错的结果。

谱平分法与KL算法都是二分法，难以把网络分解为合理个数的社区。在实际应用中，很可能并不知道会有几个社区，而且这些社区的大小也不必是基本一致的，事实上它们的大小很可能是不同的。因此，图分割方法的解决方案对于分析和了解非特殊网络中的社区结构并没有特别的帮助。

# 第二节　W-H 算 法

传统的图分割法最大的缺陷就是它每次只能将网络平分，如果要将一个网络分成两个以上的社区，就必须对划分的子社区多次重复该算法。针对这个问题，Wu 和 Huberman 于 2003 年提出了一种基于电阻网络电压谱的快速谱分割法，简称 W-H 算法。

W-H算法的基本思想是：如果将两个不在同一社区内的节点看成源节点（电压为 1）和终节点（电压为 0），将每条边视为一个阻值为 1 的电阻，那么，在同一个社区内的节点之间的电压值应该是比较接近的。因此，只要通过正确的方法找到源节点和终节点，选择一个合适的电压阈值，就可以得到正确的社区结构。

由于计算每个节点处的电压值需要求解拉普拉斯矩阵的逆矩阵，所需

计算量通常为 $O(n^3)$，显然速度太慢。为此，Wu 和 Huberman 采用了下列近似方法：依次更新每个节点处的电压值为其相邻节点的电压值的平均值，如此进行多次，则将得到每个节点处的电压的近似值，并且运行次数与网络的大小无关。Wu 和 Huberman 已经证明了该近似算法是一种线性时间复杂度的算法。该算法与传统的谱分析算法一样，需要事先知道社区的数目。

W-H 算法的一个重要特点是可以在不考虑整个网络社区结构的情况下，寻找一个已知节点所在的整个社区，而无须计算出所有的社区。该特点在 WWW、Web 搜索引擎等大规模的网络中可以很好的应用。W-H 算法的不足之处是，如果预先不知道关于网络社区结构的部分信息，则很难应用该算法确定社区结构。

# 第三节　层次聚类法

由于事先并不知道一个网络中有多少个社区存在，各个社区所包含的节点个数也是未知的，使得社区发现问题是一个比图分割更加困难的问题。另外，网络的社区结构通常呈现出层次特征，一个社区可以进一步划分成几个子社区，也增加了社区发现的难度。为解决上述问题，社会学家提出了层次聚类的方法。

社会网络分析中的层次聚类（Hierarchical Clustering）方法的思想更接近社区结构的思想，目的是根据各种衡量节点之间相似程度和节点之间连接的紧密程度的标准找出社会网中的社区结构。最典型的层次聚类法是凝聚法（Agglomerative）。

## 一、凝聚法

### （一）算法

凝聚法计算节点之间的相似度，并按照相似度由高到低的顺序，向本来为空的网络（包括 $n$ 个节点却无边的网络）中添加边，这个过程可以在任何时刻停止，并将在该时刻网络中的各组件作为社区。

**算法 3-2　凝聚法**

第一步：初始化起始状态为 $n$ 个孤立节点；

第二步：计算网络中每一对节点的相似度；

第三步：根据相似度从强到弱连接相应节点对，形成树状图；

第四步：根据需求对树状图进行横切，获得社区结构。

凝聚法中边的添加过程可用一个树状图（Dendrogram）来表示，图 3-1 描述了凝聚法的一个例子。图中的树状图描述了从空网到完整网络的过程，横切该树就可以得到对应的社区结构，不同的停止时刻对应不同的横切线。按照图中的虚线进行横切，可得到具有四个社区的网络，并且这四个社区还具备细分结构。

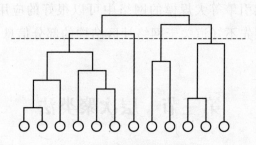

图 3-1 凝聚法形成的树状图

在凝聚法中，产生的树状图与网络中原来的拓扑结构没有关联，网络原有的拓扑结构只对节点对间的相似度的计算产生影响，树状图表达了原网络的社区结构。

在凝聚法过程中，根据社区的不同划分方法，可进一步细分为单连接法和全连接法。

**1. 单连接法**

单连接法（Single Linkage）把在逐次添加边的过程中所形成的图的连通分支作为社区。在这个过程中，一些小的连通分支逐步合并成大的连通分支，结果是连通分支数越来越少。算法开始时，所具有的结构是 $n$ 个由一个节点构成的社区，算法结束后，得到的是一个包含所有节点的大社区。前一步中的社区结构一定是包含在下一步的某一个社区中的，因此，整个算法的过程可以表示成一个树形结构。

**2. 全连接法**

全连接法（Complete Linkage）是另一种社区发现方法。单连接法将算法进行到某一步时所得到的分支作为社区，而完全连接法则是将算法进行到某一步时，网络中的最大节点派系（Maximal Clique）称为社区。所谓节点派系实际上是一个完全子图。

虽然完全连接法具有更好的特性，但基于下列原因很少被使用。其原因在于两点：一是在图中寻找节点派系非常艰难，可供选择的算法是 Bron-Kerbosch 算法，其最差运行时间与节点数呈指数关系；二是一般来说节点派系不唯一，一个节点可能会同时属于多个派系。

## （二）相似度计算

有多种方式可以定义和计算节点间的相似度，包括结构等价性、邻接矩阵相关性和边独立路径数。

### 1. 结构等价性

社会学研究中倾向于基于结构等价性（Structural Eequivalence）定义相似度。如果两个节点具有完全相同的相邻节点，则称这两个节点为结构等价。例如，在朋友关系网络中，如果两人拥有完全相同的朋友，则这两人就是结构等价的。

由于真实网络中的结构等价很少见，人们可以定义一个等价程度的度量指标。其中一个指标称为欧几里得（Euclid）距离，定义为：

$$x_{ij} = \sqrt{\sum_{k \neq i, j} (A_{ik} - A_{ij})^2} \tag{3-4}$$

式中，$A_{ij}$ 是图的邻接矩阵的元素。对于结构等价的节点对，欧几里得距离为 0；而对于没有任何共同相邻节点的节点，欧几里得距离取最大值。因此，根据该度量指标进行的层次聚类，应该按照 $x_{ij}$ 增加的顺序在网络中逐步加边。

### 2. 邻接矩阵相关性

另一个常用的相似性度量指标是邻接矩阵的行或列之间的相关性。首先给出邻接矩阵行向量的均值和方差如下：

$$\mu_i = \frac{1}{n} \sum_i A_{ij}, \ \sigma^2 = \frac{1}{n} \sum_i (A_{ij} - \mu)^2 \tag{3-5}$$

$i$ 和 $j$ 的相关系数为：

$$x_{ij} = \frac{\frac{1}{n} \sum (A_{ik} - \mu_i)(A_{jk} - \mu_i)}{\sigma_i \sigma_j} \tag{3-6}$$

结构等价程度高的节点对，必然对应较高的 $x_{ij}$。

### 3. 边独立路径数

另外，有一个相似度定义为节点之间的边独立的路径数。所谓边独立，是指两条路径不包含相同的边。显然，该相似度并非基于结构等价性。根据最大流-最小割定理（max-flow/min-cut），这种路径数等于网络中相应两节点间可以通过的最大流量。计算路径数所需时间为 $O(m)$，其中，$m$ 是图中的边数。使用独立路径数作为相似度而形成的完全连接社区中，任意两节点之间至少存在 $k$ 条边独立的路径，其中 $k$ 是最近加入的边的相似度。图论中称这种社区为 $k$-分支。已经有若干专门用于确定 $k$-分支的算法，其中最著名的是 Hopcroft 和 Tarjan 的 2-分支和 3-分支算法。网络的 $k$-分支常常用在社会网络的分析中。

### （三）凝聚法分析

凝聚法中，相似度计算通常需要 $O(mn)$ 次运算，相似度排序所需时间为 $O(n^2 \log n)$。树形图的构造可以通过 Fischer 的 union/find 算法实现，所需时间基本上线性依赖于 $n$。因此，对于一个稀疏图，整个算法的运行时间为 $O(n^2 \log n)$。

凝聚法往往只能找出社区中的核心部分：社区的核心部分相似度一般较高，会在较早的时刻被连接在一起，而社区的外围节点由于与其他节点间的相似性较低而常常被忽略，从而导致图 3-2 所示的结构。

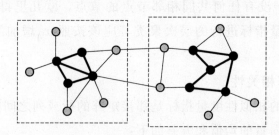

图 3-2　凝聚法找到的社区核心部分

层次聚类方法无需事先指定子图的大小，但仍然无法确定网络最终应该分解成多少个社区，即便不是这样，许多节点无法确定归属的问题，也使得层次聚类方法在分析许多大型真实网络时无法获得满意的结果。

## 二、分裂法

分裂法的基本原理与凝聚法类似，但其是通过删除边进行的。相对于凝聚法来说，目前关于分裂法的研究还比较少。分裂法的一般做法是找出相互关联最弱的节点，并删除它们之间的边，通过这样的反复操作将网络划分为越来越小的组件，连通的网络构成社区，详见算法 3-3。在分裂法的过程中，可以在任何时刻终止，并将当时的结果作为社区结构。算法的终止条件可以由用户定义，比如划分的社区数量、社区内的节点数等。

**算法 3-3  分裂法**

第一步：初始化网络；

第二步：计算网络中每一对节点的关联度；

第三步：根据关联度从弱到强，逐步删除节点对之间的边；

第四步：根据需求停止删除；

第五步：输出连通子网络，构成社区。

由于分裂法在寻找关联最弱的节点时，需要大量计算。对于稀疏网络，可能存在大量节点不属于任何社区（或者说一个节点构成一个社区）的问题，因此在实际应用时也难以取得令人满意的效果。

# 第四节  GN 算 法

层次聚类方法会导致若干节点无法确定归属，为解决这个问题，Girvan 和 Newman 提出了 GN 算法，该方法是基于删边的方法。对于一般网络发现算法来说，其基本要求是可发现网络的最自然的分割。

社区之间所存在的少数几个连接应该是社区间通信的瓶颈，是社区间通信时通信流量必经之路。如果我们考虑网络中某种形式的通信并且寻找到具有最高通信流量的边，该边就应该是连接不同社区的通道。若将这样的边去除就应该获得了网络的最自然的分解。作为通信流量的度量，Girvan 和 Newman 引入了边介数 Edge Betweenness 的概念，这是 Freeman 的点介数（Vertex Betweenness）概念在边上的推广，称此算法为 GN 算法。一条边的边介数定义为所有节点对之间的最短路径中经过该边的路径数，在一个具有 $m$ 条边和 $n$ 个节点的图中计算出每条边的介数所需时间为 $O(mn)$。

例如，在图 3-3(a) 中，节点 B 和节点 E 之间的边的 Betweenness 的值最高，当删除该边之后，得到了图 3-3(b) 所示的社区结构，该结构包括左右两个社区。

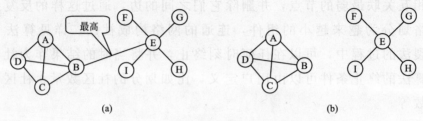

图 3-3　GN 算法的社区结构发现过程

（a）Betweenness 值最高的边；（b）删除 Betweenness 值最高的边之后得到的社区图

### 算法 3-4　GN 算法

第一步：计算网络中每条边的 Betweenness；

第二步：删除 Betweenness 值最高的边；

第三步：重新计算所有边的 Betweenness；

第四步：重复第二步和第三步，直到所有的边都被删除。

算法 3-4 描述了 GN 算法的具体步骤。通常也可以将 GN 算法看作是一种分裂法，与一般分裂法不同的是，GN 算法不是寻找关联最弱的节点对，然后删除它们之间的边，而是寻找最"Between"的边并删除它。也就是说，寻找并删除那些连接节点对的边。

GN 算法包括计算网络中每条边的介数、去除边介数最大的那条边、重复进行直至网络中没有任何边存在。将该算法应用于某些网络（如 Karate Club），所得结果与谱平分法所得结果完全相同。对于一般的网络分析，该方法要比谱平分法优越得多。正如层次聚类法一样，GN 算法可以将网络分裂成任意数量的社区，可以从算法的树状图看出网络社区结构形成的动态过程。

算法存在下列两点不足：首先，该算法也无法预知网络最终应该分裂成多少社区；其次，计算速度缓慢，最差运行时间为 $O(m^2 n)$，其中 $m$、$n$ 分别为网络中的边数和节点数。

GN 算法从整个网络的全局结构出发进行社区识别，避免了传统算法的很多缺点，成为目前进行网络社区分析的标准算法，得到了广泛的应用。

本章介绍了常用的几种基本社区发现方法，但在实际的网络应用中也发现了一些缺陷，因此有学者对这些方法进行了改进；随着信息化的发展，社区发现的技术和应用场景也有了新的进展，这些进展将在下一章进行介绍。

# 第四章 社区发现方法的新发展

## 第一节 改进的 GN 算法

GN 算法是社区发现技术发展过程中的一个重要里程碑,它从网络的全局结构出发,避免了传统算法的若干缺点,成为目前进行网络社区分析的标准算法,得到了广泛的应用。但 GN 算法也有其明显缺点,首先,因为要重复计算边的 Betweenness 值,而每次重复过程都要计算每对节点间的最短路径,算法的时间复杂度高;其次,通过树状图把网络分解到节点,每一个节点都必须属于某一社区,而不考虑划分结构是否真正有意义。为了克服 GN 算法的以上缺点,研究人员提出了若干 GN 算法的改进方法。

### 一、快速计算 Betweenness 的方法

GN 算法通过不断计算边的 Betweenness,并删除 Betweenness 值最高的边,获得网络的社区结构。因为一条边的 Betweenness 定义为通过该边的最短路径的条数,通常一条边的删除会很大程度上影响到许多其他边的 Betweenness 的值,所以每次在执行完边的删除之后,必须重新计算所有边的 Betweenness 值。这是一个非常耗时的任务,也直接导致了 GN 算法的一个重要缺点,那就是耗时多。

Brandes 给出了一种快速重新计算边的 Betweenness 的方法。该方法的基本思想是:选择一个节点作为中心节点(Center),只考虑中心节点和其他节点之间的最短路径,计算每条边由当前这些最短路径得到的 Betweenness 值,并将计算结果添加到当前该边的 Betweenness 之和中。然后,选择另外一个节点作为中心节点,并重复刚才的计算过程,直到每个节点都曾被选中作为中心节点为止。在刚才的计算过程中,每条最短路径的端点都被计算过两次,计算得到的每条边的 Betweenness 的和正好等于该边准

确的 Betweenness 的两倍。

当节点集取得比较少时，它可以显著地提高计算速度，但同时降低了计算的准确性。Tyler 和 Wilkinson 等在寻找电子邮件的社区结构和相关基因构成的社区时采用了该算法，取得了很好的社区划分结果。

## 二、自动发现社区结构的指导规则

在社区数目未知的情况下，GN 算法也不确定这种分解要进行到哪一步终止（何时停止边的删除），因此该算法不能自动获得社区结构。Wilkinson 和 Huberman 给出了两条规则，来指导 GN 算法是继续寻找并删除

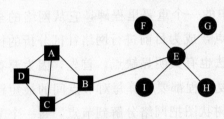

图 4-1　社区结构的发现过程

Betweenness值最高的边，还是终止算法，以便自动得到所需的社区结构。这两条规则的提出是以当无法获得有意义的子社区时便终止删除边为前提的。例如，图 4-1 中，当删除 B 和 E 之间的边之后就属于这种情况。在删除边的同时，也将一个图划分为了多个不连接的组。

Wilkinson 和 Huberman 认为，从结构上讲，由 5 个或少于 5 个节点构成的组件不可能包含两个实际的社区，因此包含两个社区的组件最少由 6 个节点构成。如图 4-2 所示，该组件包含由一条边连接的两个三角形的社区。Wilkinson 和 Huberman 提出的第一条规则就是对于由少于 6 个节点构成的组件，不再进行划分，而是把它看作一个社区。

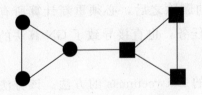

图 4-2　包含两个社区的最小组件

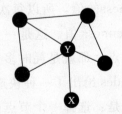

图 4-3　一个不包含明显的子社区的图

对于包括 6 个或 6 个以上节点的组件，也可能像图 4-3 一样进行划分。显然，该图只包含一个社区，由 GN 算法计算可得，X 和 Y 之间的边的 Betweenness值最高，如果删除该边，就会得到由包括 Y 在内的 5 个节点构成的一个社区和一个孤立节点 X。

通常，一条与图中一个叶子节点（如图 4-3 中的 X 节点）相连的边其 Betweenness 值为 $N-1$，这里的 $N$ 是构成该图的节点数，因为 X 与其他 $N-1$ 个节点之间的最短路径都经过该边。为了将这类组件识别为一个社区，Wilkinson 和 Huberman 提出了第二条规则，即，由连接叶节点或度为 1 的边的 Betweenness 值作为阈值的规则：当组件中边的最高 Betweenness 值等于或小于 $N-1$ 时，不再对该组件进行划分，即使该组件包含多于 5 个节点。

为了讨论的方便，在后文中我们将 Wilkinson 和 Huberman 所提出的这两条规则分别称为最小组件规则和 $N-1$ Betweenness 规则。实际网络中，社区之间的边的 Betweenness 值并不一定总大于 $N-1$。大小为 $N$ 的网络中的一个大小为 $m$ 的社区会有总和等于 $m(N-m)$ 的 Betweenness 值分布于连接该社区与图的边中。因此，如果这些边的条数多于 $m$，那么它们当中就有可能不存在 Betweenness 值大于 $N$ 的边。这些边，或者由这些边所连接的社区外的节点，不应该是邻接的，因为，如果存在这种情况，这 $m$ 个节点就不应该成为一个社区。事实上这是一种很少发生的极端情况。

Zhuge 等在将遵循最小组件规则和 $N-1$ Betweenness 规则的 GN 算法应用于其从电子邮件中建立的社会网中时，发现 $N-1$ Betweenness 规则使得 GN 算法过早终止，从而导致其划分结果无法提供有意义的社区结构。接着他们尝试舍弃 $N-1$ Betweenness 规则，采用只遵循最小组件规则的 GN 算法用于其社会网络的社区发现。结果中除了一个完全图的社区外，其他节点都以孤立节点的形式出现，因此也无法正确反映组织中成员之间的关系。既然不能完全摒弃预防孤立节点产生的 $N-1$ Betweenness 规则，他们就对 Wilkinson 和 Huberman 所提出的这组规则进行了修改。

首先，将 $N-1$ Betweenness 规则用如下规则替换：如果组件中 Betweenness 值最高的边，其 Betweenness 值等于或小于 $N-1$，并且该组件足够大，则删除 Betweenness 值次高的边。组件所包含的节点数可以用于判断该组件是否足够大，具体的数值可能会随网络的规模和目的不同而变化。

其次，增加了一条新的规则来补充原来的规则：对完全图组件不再进行划分，而是把它作为一个社区处理。一个组件是否是完全图可以通过公式 $E=n(n-1)/2$ 来判断。这里的 $E$ 表示该组件所包含的边的数目，而 $n$ 是组件的节点数。这条规则被称为完全图规则。

这两条规则和 Wilkinson 和 Huberman 所提出的最小组件规则一起构成

了一组有效的新规则。

## 三、加权的 GN 算法

通过分析可以发现，节点之间最短路径的计算是 GN 算法的关键。两个节点之间的最短路径可以理解为它们可以到达彼此的最快的方法。此前的工作在计算最短路径的时候都是将每条边的长度为单位长度作为假设的前提的。社会网络理论按关系的紧密程度将成员之间的关联分为强关联（Strong Ties）和弱关联（Weak Ties）。事实上，一个组织的社会网络是一个关系网络，边表示成员之间的关联，因此社会网络中边的长度可以表示由它所连接的两个节点之间关联的紧密程度。通常，边越短，它所连接的两个节点之间的关联就越紧密，或者说，其中一个节点对于另外一个节点而言就越重要。如果用边的不同长度表示节点间关系的紧密程度，替代等长边得到新网络，就可以使节点之间最短路径的计算更准确，这也就使得边的 Betweenness 的计算更准确，进而就可以带来更为准确的社区发现结果。通常，根据不同应用背景和目的确定具体的权值计算方法。

Zhuge 等将加权的 GN 算法应用于基于科研团队内信息流的社会网络，实现科研团队内的科研文档的共享，并根据信息流的特点给出了两种计算边的长度的方法。

第一种方法，也称作基于绝对重要性的计算方法（Absolute Importance-based Method）。顾名思义，该方法是根据边的绝对重要程度，即一条边对整个社会网络的重要程度，来计算边的长度。一条边对于整个网络来说越重要，该边的长度就越短，具体的计算方法见下式。

$$Length_{ij} = \frac{t}{Num_{ij}} \tag{4-1}$$

式中，$Length_{ij}$ 是连接节点 $i$ 和节点 $j$ 的边的长度；$t$ 是从信息流中建立社会网络时所采用的阈值；$Num_{ij}$ 是组织成员 $i$ 和 $j$ 之间所传送的消息数，即成员 $i$ 发送给成员 $j$ 的消息数和成员 $j$ 发送给成员 $i$ 的消息数的和。因为只有所交流消息数目不少于阈值的节点之间存在边，所以在公式(4-1)中，分母总是大于或等于分子，从而确保了 $Length_{ij}$ 是一个 0 到 1 之间的数。

另一种确定边长的方法是基于相对重要性的边长计算方法（Relative Importance-based Method），该方法根据边的相对重要性，即边对其关联的两个节点的重要程度计算边的长度。同样的，边的相对重要性越高，边越短。具体的边长计算公式如下。

$$Length_{ij} = \frac{Num_{i \to all} \times Num_{j \to all}}{Num_{i \to j} \times Num_{j \to i}}$$

（4-2）

式中，$Num_{i \to all}$ 是成员 $i$ 发送给其他成员的消息数之和；$Num_{j \to all}$ 是成员 $j$ 发送给其他成员的消息数之和；$Num_{i \to j}$ 是 $i$ 发送给 $j$ 的消息数；$Num_{j \to i}$ 是 $j$ 发送给 $i$ 的消息数。因为，$Num_{i \to all}$ 总是大于或等于 $Num_{i \to j}$，$Num_{j \to all}$ 总是大于或等于 $Num_{j \to i}$，由此方法计算得到的边的长度总是一个大于 1 的数。

图 4-4 是一个加权社会网络的实例，每条边的旁边都有一个 0 到 1 之间的数，指示该边的长度，表达了由该边所连接的两个节点之间关系的紧密程度。可以将边的长度看作边的权重，只是与普遍意义上边的权重的理解不同，节点之间的关系越紧密，节点之间边的权重就越低，而不是越高。

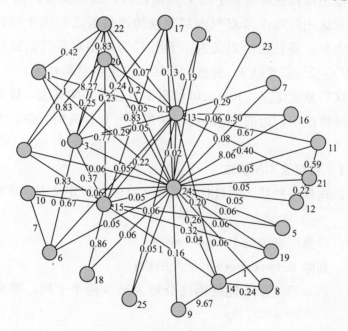

图 4-4　加权社会网络实例

## 四、自包含 GN 算法和 Radicchi 算法

Radicchi 等认为，因为 GN 算法缺乏量化的社区定义，所以难以保证划分的合理性。Radicchi 等先通过量化的方法给出了强社区、弱社区的定义，

为确定社区结构提供了一种衡量标准；然后，在此基础上对 GN 算法进行改进，提出了一种自包含 GN 算法（Self-Contained GN Algorithm）。为了降低时间复杂度，Radicchi 等在此基础上给出边聚集系数（Edge Clustering Coefficient）的定义，然后以此为基础给出了快速的 Radicchi 算法。该算法与 GN 算法的效果相当，但是速度有了较大的改善。

设，图 $G$ 表示一个网络，$A_{ij}$ 为网络节点的邻接矩阵，节点 $i$ 的度为 $k_i$，有 $k_i = \sum_j A_{ij}$。现在，考虑 $i$ 所属的子图 $V(V \subset G, i \in V)$，节点 $i$ 的度划分成内部连接数 $k_i^{in}(V)$ 和外部连接数 $k_i^{out}(V)$ 两部分，即有 $k_i(V) = k_i^{in}(V) + k_i^{out}(V)$。$k_i^{in}(V)$ 定义为 $V$ 内部与节点 $i$ 相连的边数，$k_i^{in}(V) = \sum_{j \in V} A_{ij}$；$k_i^{out}(V)$ 定义为 $V$ 外部与节点 $i$ 相连的边数，$k_i^{out}(V) = \sum_{j \notin V} A_{ij}$。强社区、弱社区的定义都以此为基础。

强社区中的每个节点与社区内部节点的连接数大于与外部节点的连接数。相应的给出强社区定义：子图 $V$ 为强社区，当且仅当 $k_i^{in}(V) > k_i^{out}(V)$，$\forall i \in V$。弱社区中的每个节点与内部节点的连接数之和大于与社区外部节点的连接数之和。弱社区的定义为：子图 $V$ 为满足弱定义的社区，当且仅当 $\sum_{i \in V} k_i^{in}(V) > \sum_{i \in V} k_i^{out}(V)$。显然，强社区一定也是弱社区。

基于社区的量化定义，Radicchi 给出了自包含 GN 算法，详见算法 4-1。在自包含 GN 算法中，边的 Betweenness 的反复计算耗时过多，与 GN 算法相同。

### 算法 4-1　自包含 GN 算法

第一步：选择一种社区的量化定义方式（强社区定义方式或弱社区定义方式）；

第二步：计算所有边的 Betweenness；

第三步：删除 Betweenness 值最大的边；

第四步：如果第三步不能使网络分解为至少两个子网，那么转第二步执行；

第五步：测试所有子网是否满足第一步中选择的社区定义方式，如果至少有两个子网满足以上定义，那么在树状图上画出相应的部分；

第六步：返回第二步，对所有子图重复执行，直到所有的边都被删除。

为了提高算法效率，Radicchi 提出将删除 Betweenness 值最高的边改为删除聚集系数值最小的边。Radicchi 依据网络中的三角环（Triangular

Loop，即边数为3的闭合路径）提出了边聚集系数的概念。若一个三角环包含一条连接不同社区的边，则该三角环中的另两条边中的某一条会以很大的可能性连接这两个社区。由于连接不同社区的边通常非常少，故包含给定的连接不同社区的边的三角环不可能很多。因此，边聚集系数的定义为包含该边的三角环的实际数量所占可能存在的全部三角环总数的比例，连接节点$i$和$j$的边的聚集系数$C_{ij}$的具体计算方法见公式(4-3)。

$$C_{ij} = \frac{z_{ij} + 1}{\min(k_i - 1, k_j - 1)} \tag{4-3}$$

式中，$k_i$、$k_j$分别表示节点$i$和$j$的度；$z_{ij}$是网络中包含该边的三角环的实际个数；$\min(k_i - 1, k_j - 1)$表示包含该边的最大可能的三角环的个数。

Radicchi算法每一步去除的是网络中边聚集系数最小的边，每次去除后，再重新计算每一条边的边聚集系数，如此进行下去，直至网络中不存在任何边，详见算法4-2。

**算法4-2　Radicchi算法**

第一步：计算网络中每条边的边聚集系数；

第二步：删除边聚集系数值最小的边；

第三步：重新计算所有边的边聚集系数；

第四步：重复第二步和第三步，直到所有的边都被删除。

Radicchi算法的运行时间为$O(m^4/n^2)$，其中$m$，$n$分别为网络中的边数和节点数。显然，对于稀疏图，其计算速度要比GN算法快一个数量级。Radicchi算法的不足是该算法依赖于网络中的三角环，如果网络中三角环很少，那么该算法将失去意义。实证研究表明，社会网络中三角环的数量比较大，而在非社会网络中，三角环的数量则相对较少。这意味着Radicchi算法更加适合于社会网络。

# 第二节　派系过滤算法

不管是凝聚算法还是分裂算法，多数社区发现算法的最终目标都是将网络划分为多个互相独立的社区。然而，很多现实网络中的社区结构通常并不是绝对的彼此独立的；相反，它们是由许多彼此重叠、互相关联的社区组成

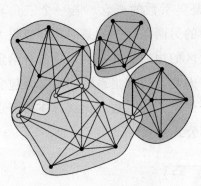

图 4-5　社区的交错现象

的。比如，在科学家合作网中一个物理学家同时也可能是一个数学家，因此他将同时处于分别由物理学家和数学家构成的两个社区中；又如，每个人根据不同的分类方法会属于多个不同的社区（如学校、家庭、兴趣小组等）。

具有重叠社区结构的网络如图 4-5 所示，其中的空心节点为社区的交错节点，它们同时属于多个社区。在这种情况下，很难单独地将这些社区划分出来。为解决这种相互重叠的社区结构的发现问题，Palla 等提出了一种派系过滤算法（Clique Percolation Method，CPM）。

## 一、k-clique 社区定义

Palla 等认为社区的重叠和嵌套是复杂网络的一个重要特征，为了方便研究，给出了基于 $k$-派系（$k$-clique）的社区定义。某种程度上可以将一个社区看作是多个"派系"的集合。下面先给出派系的定义，然后给出派系连通的定义。

"派系"（Clique）也称为"全耦合子图"，是一个完全子图。$k$-派系中的 $k$ 表示该全耦合子图包含的节点数为 $k$，可以将派系看成构成网络的基本元素。如果两个 $k$-派系有 $k-1$ 个节点是公用的，就称这两个 $k$-派系是相邻的。如果一个 $k$-派系可以通过若干个相邻的 $k$-派系到达另一个 $k$-派系，就称这两个 $k$-派系是相互连通的。因此，网络中的 $k$-派系社区可以定义为网络中相互连通的所有 $k$-派系的集合。这个定义说明了社区内部的成员是可达的，表明社区内部连接的紧密性。这个过程有点类似于搭积木，每个 $k$-派系是一个积木，整个社区则由多个积木搭建而成。

比如，网络中的 2-派系（2-clique）表示包含 2 个节点的完全子图，相应的 2-派系社区也就代表了网络中各连通子图。同样的，3-派系为包含 3 个节点的完全子图，相应的 3-派系社区即为彼此连通的三角形完全子图的集合。在该社区中，任意相邻的两个 3-派系都具有一条公共边（2 个公共节点）。

值得指出的是，会存在这样一些节点，这些节点同属于多个 $k$-派系，

但它们所属的这些 $k$-派系又不相邻，即它们所属的多个 $k$-派系之间公有的节点数不足 $k-1$ 个。这些节点同属的多个 $k$-派系不是相互连通的，这几个 $k$-派系不属于同一 $k$-派系社区，因此这些节点也就成为了不同 $k$-派系社区的"重叠"部分。如图 4-5 所示，其中的空心节点是同属多个 4-派系社区的重叠部分。利用派系过滤算法，通常可以找到网络中重叠的社区结构。

从一个包含 $s$ 个节点的全耦合网络中任意挑选 $k(k \leqslant s)$ 个节点，都可以形成一个 $k$-派系。而任意两个有 $k-1$ 个公共节点的大于 $k$ 的全耦合子图之间，也总能够找到一个 $k$-派系。实际的派系过滤算法只要寻找网络中最大的全耦合子图，就可以利用这些全耦合子图来寻找 $k$-派系的连通子图（即 $k$-派系社区）。派系是不可能更大的全耦合子图，而 $k$-派系只是某个派系的一部分。

## 二、派系寻找算法

派系寻找算法采用由大到小、迭代回归的方法来寻找网络中的派系。首先，根据网络中各节点的度确定网络中可能存在的最大全耦合网络的大小 $s$，从网络中的一个节点出发找到包含该节点的大小为 $s$ 的所有派系并删除该节点及与其相连的边；然后，另选一个节点，重复上面的过程直到网络中没有节点为止。至此，便可以找出网络中全部大小为 $s$ 的派系，即全部 $s$-派系。使 $s$ 减 1 后，再重复使用上述方法。以后依次使 $s$ 减 1 并重复上述方法，便找到网络中全部不同大小的派系。

上面的算法中关键的问题是从一个节点 $v$ 出发如何找出包括它的所有 $s$-派系。派系过滤算法采取迭代回归的方法解决了问题。首先，为节点 $v$ 分别定义集合 $A$ 和集合 $B$。其中，集合 $A$ 是包含节点 $v$ 在内的两两相连的所有点的集合，集合 $B$ 则是与集合 $A$ 中各节点都有边相连的节点的集合。为了避免重复选到某个节点，算法对集合 $A$ 和集合 $B$ 中的节点都按节点的序号顺序进行排列。在定义了集合 $A$ 和集合 $B$ 之后，按算法 4-3 就可以得到从 $v$ 点出发的所有大小为 $s$ 的派系。

**算法 4-3　派系过滤算法**

第一步：确定初始集合 $A$ 和 $B$，$A=\{v\}$，$B=\{v$ 的邻接节点$\}$；

第二步：将集合 $B$ 中的一个节点移至集合 $A$；

第三步：删除集合 $B$ 中不再与集合 $A$ 中所有节点相连的节点；

第四步：当集合 $A$ 大小达到 $s$ 时，就得到一个大小为 $s$ 的新派系，记录该派系，然后返回第二步；否则，如果集合 $A$ 的大小未达到 $s$ 前，集合 $B$ 已为空集，或 $A$、$B$ 为属于某个已有的较大的派系中的子集，则算法结束。

## 三、利用派系寻找 $k$-派系社区

找到网络中所有的派系以后，就可以得到这些派系的重叠矩阵（Clique-Clique Overlap Matrix）。与网络连接矩阵的定义类似，该矩阵的每一行（列）对应一个派系。对角线上的元素表示相应派系的大小（即派系所包含的节点数目），而非对角线元素则代表两个派系之间的公共节点数。由定义可知，该矩阵是一个对称的方阵。如图 4-6 中右上角图所示。

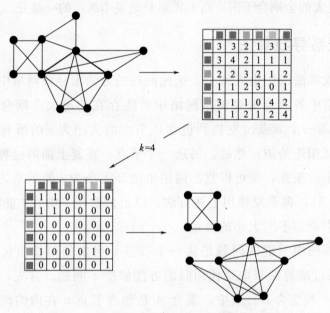

图 4-6　利用派系重叠矩阵寻找 4-派系的社区

得到派系重叠矩阵以后，就可以利用它来求得任意的 $k$-派系社区。如前所述，$k$-派系社区就是由共享 $k-1$ 个节点的相邻 $k$-派系构成的连通图。因此，在原来的派系重叠矩阵中将对角线上小于 $k$，而非对角线上小于 $k-1$ 的那些元素置为 0，其他元素置为 1，就可以得到 $k$-派系的社区结构连接矩阵。其中，各个连通部分就分别代表各个 $k$-派系的社区。

图 4-6 给出了寻找 4-派系社区的一个例子，左上角的图表示原网络，右上角的图表示该网络的派系重叠矩阵。左下角的图表示对应 $k=4$ 的 $k$-派系社区连接矩阵。右下角是计算结果的 $k$-派系社区连接示意图。

另外，对于算法的复杂性，Palla 等没有从理论上给出严格的证明，但他们根据实际网络的计算分析指出，该算法的复杂度大概是 $t = \alpha n^{\beta \ln(n)}$，其中，$\alpha$ 和 $\beta$ 是常数，而 $n$ 则代表网络中节点的数目。

## 四、$k$-派系社区的统计特性

显然，不同的 $k$ 值会影响到最终得到的社区结构。随着 $k$ 值的增大，社区会越来越小，结构越来越紧凑。学者对实际网络做了不同 $k$ 值的实验，结果表明，有 44％的 6-派系社区在 5-派系社区中出现。而且，有 70％的 6-派系社区可以在 5-派系社区中找到相似的结构，误差不超过 10％。由此可见，网络的社区结构仅取决于系统本身的特性，与 $k$ 的取值没有太大关系。

Palla 等利用 CPM 算法分析了科学家合作网络、词语关联网络和蛋白质关系网络这三个网络的 $k$-派系社区结构（三个网络的 $k$ 值分别取为 6，4，4）。这些网络中社区的重叠量（Overlap Size，表示任意两个社区共有的节点数目）和社区的大小（社区包含的节点数目）都满足幂律分布。此外，如果将各个社区看成一个节点，社区间的重叠看成边，就可以构成一个社区网络。其中，与各社区相连的边的条数成为社区的度。在这三个实际网络中，社区的度有一个明显的特征尺度阈值，这个特征尺度的大小与 $k$ 的取值有直接关系。社区的度在小于这个特征尺度的前半部分满足指数分布，而后半部分则明显满足幂律分布。

# 第三节　局部社区的发现算法

在很长一段时间里，社区发现的算法主要集中于寻找网络中全局的社区结构，前面介绍的方法也都是全局社区发现方法。这些算法的一个重要前提是需要知道整个网络的拓扑结构。但是，这个限制条件对于很多超大型而且不断动态地变化着的网络（比如万维网）来说是不可能的。针对这一问题，科学家们提出了一些寻找网络中局部社区结构的算法。本节将介绍比较有代表性的两个算法：Hub 算法和 BB 算法。

## 一、Hub 算法

2004 年，Costa 等基于网络中的核心（Hub）节点的思想提出了一种寻找社区结构的 Hub 算法（Hub-based），也被称为 d-ball 算法。Hub 算法的主要思想是：在许多实际网络中，社区是以一些具有最大度的 Hub 节点为"核心"而产生的。这些"核心"节点有很强的感染力和吸引力，它们会不断地感染和"笼络"它们周围的节点。因此，以它们为中心，一层层"扩散"出去，经过 $d$ 次扩散，就会形成各个社区。

假设网络上有 $n$ 个节点和 $m$ 条边，网络中的边具有权重 $w(i,j)$。有向网络中，定义节点 $i$ 的出度 $O_i$ 为：

$$O_i = \sum_{k=1}^{N} w(i,k) \tag{4-4}$$

节点 $i$ 的入度 $I_i$ 定义为：

$$I_i = \sum_{k=1}^{N} w(k,i) \tag{4-5}$$

由于无向网络中每个节点的出度和入度相同，因此对每个节点 $i$，都有 $O_i = I_i$。

Hub 节点是网络中度数最高的节点，网络中选定的 Hub 节点的数量与社区的数量相同。d-ball 定义为以节点 $i$ 为中心，与节点 $i$ 的最短路径小于 $d$ 的节点所构成的子网络。Hub 算法就是对每个 Hub 节点，逐步扩展 d-ball 的直径，直至划分出社区结构，详见算法 4-4。

### 算法 4-4  Hub 算法

第一步：选定网络中的一个 Hub 节点；

第二步：以该 Hub 节点为中心，计算 d-ball 上的节点；

第三步：逐步扩大 d-ball 的直径，并计算 d-ball 上的节点；

第四步：重复第二步至第三步，直至没有空白节点（未被处理过的节点）；

第五步：选定其他 Hub 节点，重复第一步至第四步；

第六步：重复第一步至第五步，直至所有 Hub 节点都被处理过，d-ball 内的节点即为以 Hub 节点为中心的社区。

Hub 算法的最大局限性在于需要事先知道网络社区的数目，以确定同时进行扩散的 Hub 节点的数目，且每个社区内部都要包含一个 Hub 节点。此外，该算法还要求网络中的这些社区是等"直径"的，否则，就很容易会导致一个社区错误的包含另一个社区的边缘节点。另外，虽然该算法在寻找网络社区结构的时候只需要用到节点的局部信息，但是它仍然需要知道整个网络的拓扑结构。

## 二、BB 算法

Bagrow 和 Bollt 继承了 Costa 通过 d-ball 的扩展寻找网络的局部社区结构的思想，提出了一种新的算法，称为 BB 算法。

BB 算法的初始思想是：当一个人刚刚搬入一个新的城市时，他会采取怎样的措施来判断他自己所属的社区呢？显然，在这种情况下，他并不需要考虑到整个城市的社区结构，只需要了解他所居住的地方周围的情况就可以了。因此，这种算法实际上是一种自学习的算法，即某个节点该如何利用它周围节点的信息来自发地寻找他所在的社区结构。算法的大致思想就是从已知节点开始，通过 d-ball 的扩展传播寻找该节点所在的社区结构。

从起始节点到它的最近邻节点，然后到它最近邻节点的最近邻节点，以此类推，所有被 d-ball 访问的节点，都要计算跟它们相关的两个变量：暴露度（Emerging Degree）和总暴露度（Total Emerging Degree）。其中，一个节点的暴露度定义为节点的度减去在 d-ball 传播的过程中（即从 1-ball，2-ball，…）经过的连接到该节点的边的条数。d-ball 总的暴露度就是 d-ball 所经过的所有节点的暴露度之和，也就是 d-ball 所经过的节点的总的暴露边的条数。用 $k_i^e(j)$ 表示从节点 $j$ 开始的壳到达节点 $i$ 时节点 $i$ 的暴露度，而用 $K_j^d$ 表示从节点 $j$ 开始的深度为 $d$ 的壳总的暴露度。在起始节点，即深度为 0 时，总暴露度就是起始节点的度；而在深度为 $l$ 时，总暴露度是深度为 $d$ 的节点与深度大于 $d$ 的节点相连接的边的条数。

另外，定义从节点 $j$ 开始深度为 $d$ 的壳的总暴露度的变化量：

$$\Delta K_j^d = \frac{K_j^d}{K_j^{d-1}} \tag{4-6}$$

在此定义的基础上，BB 算法的思想是：从某个待求的节点 $j$ 开始进行 d-ball 的扩展，每一次的扩展得到的总暴露度的变化量 $\Delta K_j^d$ 都与事先规定的一个阈值 $\alpha$ 进行比较，当 $\Delta K_j^d < \alpha$ 时，就认为此时的总暴露度已经不再大幅度增长了，从而停止进一步的扩展，而所有深度小于 $d$ 的节点都认为是属于节点 $j$ 所在的社区内。

在社区内部，节点的联系比较紧密，因此，当 d-ball 从某个节点开始在这个社区的内部逐渐扩展时，总的暴露度应该是增大的。当 d-ball 到达了社区的"边界"，暴露边的条数就会急速下降。这是因为，在社区的边界处，暴露边就是将该社区与其他社区连接的边，这些边从数量上来说是远远小于社区内部的边的。因此，通过引入一个简单的变量 $\alpha$ 来监测总暴露度的变化，就可以很容易的找到社区的边界。在找到社区的边界之前（即总暴露度小于 $\alpha$ 之前），暴露边究竟朝哪个方向扩展是无关紧要的。因此，可以保证准确地找到节点 $j$ 所在的那个社区的其他节点。

不过，正如 Bagrow 和 Bollt 所指出的那样，这种算法并不完善。因为 d-ball 的扩展很有可能会"溢出"该节点所在的社区。算法的准确与否绝大程度上取决于所选的初始节点在社区中所处的位置。如果这个节点本身处于他所在社区的边缘位置，则 d-ball 扩展的结果就会同时得到两个或者两个以上的社区。只有当这个节点处在它所在社区的中心位置时，即它到社区内其他节点的距离都是近似相等时，利用这个算法得到的局部社区结构才是准确的。为了减小这个问题所带来的误差，Bagrow 和 Bollt 提出可以通过选取多个不同的初始节点、多次运行该算法，来对某个节点属于哪个社区达到一个"集体共识"（Group Consensus）。虽然 BB 算法可以在一定程度上提高该算法的准确性，但同时也是以计算时间为代价的，而且这种解决方案得到的结果未必是可行的。

## 第四节　Web 社区发现

万维网（World Wide Web），简称 Web，是一个由大量超文本组成的，能为人们生活和工作提供大量信息的网络平台。随着网络技术的发展和 Internet的普及，该信息源正在以很快的速度不断扩大。面对 Web 提供的海量信息，如何从中找到人们需要的有用信息并有效利用已经变得越来越重要了。互联网社区也称为 Web 社区、Cyber 社区或直接称为社区，是由通过共同认可的网页实现相互间联系的组织或个人构成的独特小组。同一小组的成员具有相似的兴趣，其共同兴趣通常表现为某个主题下的若干子题。Web中存在大量的社区，它们不但有助于人们对 Web 全貌的了解，帮助 Web 用户从 Web 提供的海量信息中快速找到其感兴趣的信息，帮助 Internet/Intranet 服务提供者更好地组织门户，还可以帮助企业准确地发现其潜在客户。

因此，对 Web 社区的发现和认识，有助于为用户提供及时、可靠的有用信息。

Web 中的大量社区可分为两大类，一类是明确定义的社区，另一类是处于形成阶段的社区。第一类社区通常表现为新闻组（Newsgroup）、网环（Webring）、Yahoo 和 Infoseek 中目录形式的资源集合等。这类社区通常采取人工发现和维护，如请分类专家对 Web 信息进行分类，并将其组织成用户喜欢的树形结构。一方面，尽管人工建立和维护的树结构对很多主题的搜索是有效的，但其建立过程是主观的；另一方面，人工建立和维护树结构，不但存在费用高的问题，还存在更新速度慢、无法覆盖全部主题的问题。尽管如此，目前这种通过手工分类展现出的社区已有两万多个。Web 中还存在数量巨大的尚处于形成阶段的社区，因为这类社区还在不断更新，人工发现和维护的方式很难应用于此类社区。

Web 社区也可以被定义为基于某个特定主题的、相互连接的 Web 页面集，且社区内页面的链接密度大。由于 Web 本身的这些结构特点，使得我们可以在极度分散和无序的互联网环境中，发现更多潜在的未被发现和定义的互联网社区。这些社区信息又方便了我们从互联网上提取知识，从互联网中系统地发现抽取这些社区至少有以下三方面的意义：（1）这些社区为了解互联网用户的兴趣提供了有价值的，甚至是最及时可靠的信息；（2）这些社区展现了互联网社会（Sociology of Web），研究和发现这些社区可以深入了解互联网的进化过程；（3）门户网站通过识别和区分这些社区，可以更有效地组织它们的目录层次（因为很多潜在的社区以很快的速度在增长，而很多已经清晰出现的社区又在逐渐地消失）。这同时意味着互联网的自动分类成为可能。

除了可采用传统的社区发现方法获得 Web 社区以外，目前也提出了几种专门针对 Web 社区的发现方法，最具有代表性的是基于 HITS 的算法和基于网络流量的技术。

## 一、基于 HITS 的算法

HITS（Hypertext-Induced Topic Search）算法是 Jon Kleinberg 在 1998 年提出的。Kleinberg 用有向网络图 $G=<V,E>$ 表示 Web 页面及超链关系，网络中节点表示 Web 页面，边表示页面之间的超级链接。如有向边

$(p，q)\in E$ 表示有一个超级链接由页面 $p$ 指向页面 $q$。因此，节点 $p$ 的出度（out-degree）等于页面 $p$ 指向的页面数，入度（in-degree）等于指向页面 $p$ 的页面数。

HITS 算法将网页（或网站）分为权威页面（authorities）和中心页面（hubs）两类。前者指人们公认的在某一主题上内容权威的页面；后者是指向较多权威页面的页面。为了准确确定权威页面，根据公式(4-7)计算每个页面的中心度 $a_p$，根据公式(4-8)计算每个页面的权威度 $h_p$。

$$a_p = \sum_{q \to p} h_q \qquad\qquad (4\text{-}7)$$

$$h_p = \sum_{p \to q} a_q \qquad\qquad (4\text{-}8)$$

式中，$q \to p$ 和 $p \to q$ 分别表示存在由页面 $p$ 指向页面 $q$ 的超级链接和由页面 $q$ 指向页面 $p$ 的超级链接。

权威页面为权威级别较高的网页，依赖于指向它的页面；中心页面为指向较多权威页面的网页，依赖于其所指向的页面。因此，中心页面与权威页面之间的关系是一种相互加强的关系，即中心页面指向许多权威页面，而权威页面又由许多中心页面所指向，这也是 HITS 算法的基础。HITS 算法通过迭代计算方法得到针对某个主题检索的最具价值的网页，即，排名最高的权威页面，详见算法 4-5。

**算法 4-5　HITS 算法**

第一步：从搜索引擎返回的指定主题的搜索结果中选取一定数量的页面作为根集；

第二步：向根集中增加那些指向根集中页面的页面和根集中页面所指向的页面，得到扩展集；

第三步：计算 Web 图中各页面的权威度和中心度；

第四步：返回具有较高权威度和较高中心度的页面。

Gibson 等在 HITS 的基础上给出了基于 HITS 的 Web 社区的定义。一个 Web 社区定义为一个由中心页面链接起来的，很稠密的权威页面构成的核，而且该社区的主题用一小部分具有高权威值的相关网页来表示。基于 HITS 的 Web 社区发现算法和 HITS 算法一样，也是从根集合的选取开始。该算法主要利用 Web 页面的相邻矩阵发现 Web 社区，相邻矩阵的主特征向量可标识该主题下主要社区的页面集合，非主特征向量可标识该主题下非主要的社区。实验证明，对于足够广泛的主题，基于 HITS 社区发现算法较理想；对于狭窄的主题，其发现社区结果容易出现主题漂移的情况。

## 二、基于网络流量的技术

基于最大网络流量的社区发现方法是 G. W. Flake 提出的，它是基于 Web 社区内页面间的链接比社区外的页面链接要稠密的原则设计的。Flake 将 Web 社区定义一个页面的集合，这个集合的特征是社区内的页面之间两个方向的链接的密度要大于社区之间页面链接的密度。该技术利用网络爬虫（Web Crawler）得到 Web 页面构成的网络，从一个 Web 页面的种子集合开始爬取，找到与种子集合存在链接的所有页面，设置一个虚拟的源节点和目标节点，找到最小割集，产生社区。

假设有向网络 $G = <V, E>$，假定 $s$，$t$ 是 V 中固定的节点，并且每一条边 $<u, v>$ 都有一个已被分配的容量 $c(u,v) \in Z^+$，定义从 $s$ 到 $t$ 的流量函数 $f(s, t)$，它是一个非负的整数函数，且：$0 \leqslant f(u, v) \leqslant c(u, v)$，并且对于所有的 $v$，满足：

$$\sum_{(s,v) \in E} f(s,v) = \sum_{(u,t) \in E} f(u,t) \qquad (4\text{-}9)$$

公式(4-9)说明，从 $s$ 中流出的流量等于流入 $t$ 的流量。根据 Ford 和 Fulkerson 提出的"最大流－最小割集"（Max Flow-Min Cut）定理，对于分割 $s$ 和 $t$ 的最小割集，网络中的最大流量是唯一的。根据最大流量寻找最小割集的方法，称为 $s\text{-}t$ 最大流算法，目前已经有多项式时间的算法。

Flake 证明了经过 $s\text{-}t$ 最大流算法后，提取的 Web 页面恰好满足 Web 社区内页面间的链接比社区外的页面链接要多的性质，并设计了基于 $s\text{-}t$ 最大流算法的 Web 社区发现算法，详见算法 4-6。

**算法 4-6　基于最大流量的算法**

第一步：设定一组种子节点 $S$；

第二步：利用网络爬虫，从 $S$ 中的节点开始，往下爬到一定深度，生成一个 Web 页面网络 $G = <V, E>$；

第三步：设定 $E$ 中每条边的容量 $c(e) = |S|$；

第四步：增加一个虚的源节点 $s$ 到 $V$ 中，将其与 $S$ 中的所有点连接，且这些连接的边的容量设为 $\infty$；

第五步：增加一个虚的目标节点 $t$ 到 $V$ 中，将其与 $V-\{S \cup s \cup t\}$ 中的所有点连接，且这些连接的边的容量设为 1；

第六步：对 $G$ 执行 $s$-$t$ 最大流算法，所有从 $s$ 通过不饱和边到达 $t$ 的节点都是 Web 社区的新成员；

第七步：增加 Web 社区的新成员到 $S$，返回第四步，直到到达满意的 Web 社区的大小为止。

本章介绍了社区发现技术的新发展，包括以降低算法时间复杂度为目的的改进的 GN 算法、解决社区结构的重叠和嵌套情况的派系过滤算法、不需全部网络拓扑结构就可实现社区发现的局部社区发现方法以及主要服务于万维网和 Internet 的 Web 社区发现方法。这些方法能更好地满足社区发现的需求，并具有较高的执行效率，可应用于实际网络，具体的应用案例将在第五章和第六章中进行介绍。

# 第五章　个性化服务应用

"个性"一词来源于拉丁语"Persona"，其原意是指古希腊罗马时代戏剧演员在舞台上使用的假面具，它代表剧中人的身份。如今，个性一词被赋予了新的含义，更多地用于形容个人与他人不同的特性。个性化服务日益受到人们的重视。个性化信息服务是指能够满足用户个人信息需求的一种服务，即通过对用户个性、使用习惯的分析，主动地向用户提供其可能需要的信息服务，其主要特点是"主动式服务"。

个性化服务可以体现在以下三个层面：服务时空的个性化，在用户希望的时间和地点为用户提供服务；服务方式的个性化，能根据用户的个人爱好和特点来展开服务；服务内容个性化，所提供的服务不再是千篇一律，而是各取所需、各得其所。因为个性化服务能针对用户的特点，对不同用户采取不同的服务策略，提供不同的服务内容，与不区分用户的普通服务模式相比，个性化服务具有更高的服务质量。

现有的个性化服务系统主要存在如下缺点：缺乏建立用户模型的信息、用户模型缺乏动态调节能力、多数基于协作过滤的推荐系统或混合推荐系统都是通过用户所给出评价的对象实现用户聚类等。基于信息流的社会网络和社区发现在个性化服务的应用中可以较好地解决以上问题。本章首先介绍个性化服务及其实现方法，然后以实现科研组织中科研文档的有效共享和协助者推荐为例，详细介绍了社会网络和社区发现在个性化服务中的应用。

## 第一节　个性化服务

### 一、个性化服务概述

个性化信息服务是能够满足用户个人信息需求的一种服务，就是根据用户的知识结构、信息需求、行为方式和心理倾向等，有的放矢地为具体用户创造符合其个性需求的信息服务环境，它可以按照特定用户群体和个人的需求定制内容和表现形式，也可以预测用户的需求。个性化服务的第一个层次是提供一个个性化接口供用户进行个性化定制，系统根据用户提出的明确要求，向每一个用户提供符合其要求的信息；第二个层次是通过对用户个性、使用习惯的分析和跟踪，系统不断学习、挖掘用户潜在的兴趣特征，主动向用户推荐其可能感兴趣的信息，提供智能化的信息服务。

个性化信息服务具有如下几个特点。

（1）针对性：个性化信息服务的根本就是以用户为中心，所有的服务必须以方便用户、满足用户需求为前提。通过研究用户的行为、兴趣、爱好和习惯来自动组织信息内容和调整服务模式，以便为用户提供更具针对性的信息服务。

（2）可定制性：个性化信息服务允许用户充分表达个性化需求，动态地定制自己想要的用户界面、信息资源、信息服务种类和服务方式，创造适应个人知识结构、心理倾向、信息需求和行为方式的信息活动环境，从而获得"量身定制"的信息服务。

（3）主动性：个性化信息服务能够主动感知不同用户的个性化信息需求，并将用户所需要的信息及时推送给用户。这种"信息找人"的主动服务模式与传统"人找信息"的被动服务模式截然不同。

（4）智能性：个性化信息服务中采用了推理反馈、机器学习和智能代理等人工智能技术，能够通过跟踪、学习用户的兴趣偏好和使用模式，建立用户模型和信息模型，不断挖掘用户潜在的兴趣特征，实现信息的智能推荐和智能过滤，从而显著提高信息服务质量。

收集用户信息的目的是得到描述用户兴趣、角色、权力、购买情况等的用户模型。收集到的信息质量将会影响到最终的推荐效果。用户个性化信息的收集方式有两种：一种是显性收集方式，即需要用户参与的方式；另一种是隐性收集方式，即跟踪并记录用户行为的方式。

（1）显性收集：这种方式主要是在用户第一次使用系统的时候，要求用户注册自己的背景信息和所感兴趣的内容，通常是通过用户填表或参与调查问卷得到用户信息。让用户描述他们想要什么，可以直接获取用户的兴趣和信息需求倾向，简单、易行。但这种做法存在如下问题：一是用户的输入可能本身就有误；二是用户可能不能准确地表达自己的需求；三是无法动态更新用户信息，当用户兴趣改变时，用户必须及时更新其所填写的信息。

（2）隐性收集，又分为显式反馈和隐式反馈两种方式。显式反馈，明确地要求用户反馈对资源的喜好程度，如定期提供给用户一组文档，要求用户为其打分。这种方法真实地反映了用户对资源的喜好，具有准确和可信度高等特点。但它往往要求用户定期反馈信息，会对用户的日常行为造成一定程度的干扰。隐式反馈，用户的许多行为都能反映出其偏好，这种方式主要是通过跟踪用户的行为来获得用户信息。这种方法最常跟踪的内容是用户的浏览模式和购买模式。其特点是不干扰用户的日常浏览等行为，对于用户来说是透明的，是一种比较可行的方法。其缺点是由于用户行为的随意性，导致错误率较高。著名的网上购物网站亚马逊（Amazon.com）就是跟踪每个客户的购买历史，并据此为用户推荐具体商品的。

## 二、基本实现技术

个性化服务中，要对通过各种渠道得到的用户信息进行一定的分析和处理才能据此产生推荐结果。如何进行推荐是最具挑战的一步。目前推荐技术中最主要的是基于规则的技术、过滤技术和挖掘技术。

### 1. 基于规则的技术

基于规则的技术允许系统管理员根据用户的静态特征和动态属性来制定若干规则，从本质上讲一条规则就是一个 IF-THEN 语句。规则指导系统在不同的情况下如何向用户提供不同的服务。相关销售（Cross-Selling）就是一个例子，例如，一条规则可以具体到当客户购买了产品 $Y$ 时可以免费向其推荐产品 $X$。基于规则的技术，其优点是简单、直接，缺点是规则的质量难以保证，而且无法动态更新。随着规则数量的增加，系统必将会变得越来越庞大、越来越难以管理。

### 2. 过滤技术

使用各种算法分析元数据，建立用户模型并给出推荐，最常使用的三种过滤技术简介如下。

（1）简单过滤（Simple Filtering）。简单过滤，根据预先定义好的用户分组来决定要向用户显示什么内容或为用户提供什么样的服务。该方法过于简单、死板，目前已经很少使用。

（2）基于内容的过滤（Content-based Filtering）。此方法来源于信息检索技术（Information Retrieval，IR），通过分析用户感兴趣对象的内容来建立描述用户兴趣的模型，然后寻找符合用户模型特性的对象推荐给用户。在具有简单、有效等优点的同时，此方法也存在内容局限（Content Limitation）和过于具体（Over Specialization）等缺点，即只能分析文本、图像等少数对象，难以发现用户的新兴趣。

（3）协同过滤（Collaborative Filtering）。显式或隐式地收集用户对某个对象的评价信息，从而形成具有相似兴趣的用户类群，然后根据用户类群来预测用户对该对象的喜好程度。此方法的优点是能发现用户感兴趣的新信息，缺点是存在以下几个难以解决的问题：一个是稀疏性（Sparsity），即在系统使用初期，由于系统资源还未获得足够多的评价，系统很难利用这些评价信息来发现相似的用户；另一个是可扩展性（Scalability），即随着系统用户和资源的增多，系统的性能会越来越低，因此无法支持像 Amazon. com™一样的大规模应用；还有一个就是异名性（Synonymy），因为对象内容被完全忽略，也没有考虑到他们之间潜在的关联，如果还没有用户对新对象做出评价，他们就不能被推荐给用户，而且用户越少，有共同兴趣的用户对文档的评价准确性就越低。

### 3. 混合过滤方法

一些个性化服务系统同时采用了基于内容过滤和协同过滤这两种技术，它们的结合可以克服各自的一些缺点。为了克服协同过滤的稀疏性问题，可以利用用户浏览过的资源内容预测用户对其他资源的评价，这样就可以增加资源评价的密度，利用这些评价再进行协同过滤，从而提高协同过滤的性能。混合解决方案比单独一种方法的使用更有效。

### 4. Web 挖掘技术

Web 日志中包含了大量的用户访问信息，通过对这些日志文件使用各种数据挖掘技术，如关联分析、序列模式、分类和聚类等，可以获得相似页面、相似用户群体和用户访问模式等信息。其主要优点是：不需要用户提供主观的评价信息；可以处理大规模的数据；可动态获取用户的访问信息。存在的问题是：当网站的 Web 日志数据比较少或网站内容变化较频繁时，效率较低。

## 三、典型个性化服务系统

### 1. ILOG

ILOG（www. ilog. com）是基于规则的个性化推荐系统，系统管理员只需定义相关的业务规则。系统的核心是规则引擎，它用于解释规则，并为站点的访问者产生符合其兴趣的动态内容。ILOG 是作为一个中间件形式提供的，提供了 Rules（C++） 和 JRules（Java） 两种组件用于二次开发，还提供了一种业务规则定义语言。另外，WebSpere 和 BroadVision 也是基于规则的推荐系统。

### 2. WebWatcher

WebWatcher 是典型的基于内容过滤的个性化推荐系统。用户通过描述其目的的关键词说明其正在寻找什么。其搜索目标严格限定为技术报告，关键词可以是作者、题目等。用户在 WebWatcher 的指导下通过 Web 使用该系统，WebWatcher 通过高亮地显示与用户目的相近的链接来辅助用户，其相关度是通过 Winnon，Wordstat，TFIDF 等计算得到的。

### 3. Letizai

Letizai 也是一个基于内容的推荐系统。用户不必输入关于其需求的信息，Letizai 跟踪用户行为，通过一些启发式的学习确定用户对什么感兴趣。例如，用户为一篇文档建立书签的行为就表明用户对该文档感兴趣。另一启发是，如果一个用户分析一篇文档的链接，那么该文档很可能与其信息需求相关。这里文档表示为关键词的列表。

### 4. Syskill 和 Webert

Syskill 和 Webert 采用基于内容过滤的推荐方法。事先定义了一些可能成为用户目的的主题，并为每个主题手工创建了索引。当用户对该索引的一些文档做出评价的时候，系统就能为用户推荐与已给出评价文档最相近的文档。贝叶斯分类方法被用来为用户选择相关的文档。另外，该系统也能执行 LYCOS 查询。另外，CiteSeer 和 WebMate 也是基于内容过滤的个性化推荐系统。

### 5. GroupLens

GroupLens 是一个应用于 Usenet 新闻的协同过滤系统，它的目标是通过用户协作，共同从大量的 Usenet 新闻中发现他们感兴趣的内容。系统共分为客户端和服务器端两部分，由服务器提供协同过滤服务。当用户下载一篇文档时，客户端向服务器端发送消息，请求对该文档内容的预报，也就是其他用户对该文档的评价。此外，用户可以对该文档进行评价，评价信息由客户端发送到服务器端进行处理，以供其他用户参考，GroupLens 会利用这些信息调整该用户和其他用户的相关性。

### 6. FAB

FAB 是一个自适应的协同 Web 推荐系统，它包括各种不同的代理（Agents）：收集代理（搜索与有限数量主题相关的新信息）、选择代理（每个拥有自己模型的用户拥有一个选择代理，目的是为其推送最关心的文档）和中心路由器（将收集代理所获得的页面推送给用户模型与这些页面内容相近的用户所对应的选择代理）。用户会定期收到需要其给出评价的页面，系统用这些信息来更新原始的收集代理和用户的选择代理。选择代理的过程如下：首先，通过 TFIDF 获得文档的关键词；然后，计算用户模型和文档之间的余弦相似度；最后，将相似度最高的文档推送给有相似模型的其他用户。系统的收集代理负责从 Web 中根据关键词搜索相关文档并将搜索到的内容传送给中心服务器。

### 7. PTV

PTV 通过 WWW 和 WAP 为用户推荐电视节目。吸引用户的频道、关键词和节目等共同构成描述其兴趣的用户模型。用户模型可以通过用户的相关反馈得到及时更新。系统选出 $k$ 个与当前用户最相似的用户和 $r$ 个最适合该用户的节目，当用户提出推荐请求时，系统展示给用户的是一个节目列表，该列表中的节目一部分来自以上的 $r$ 个节目中，另一部分则来自内容推荐。

### 8. MOVIELENS

MOVIELENS 根据与用户有相似视频爱好的用户信息和用户之前的评价信息为用户推荐电影。通过组合不同代理，用不同方法收集到的信息获得较好的推荐结果。

### 9. Casper/Jobfinder

Casper/Jobfinder 的目的是通过推理帮助人们寻找新工作，计算用户已经给出评价的工作与每份新工作的相似程度，将相似度最高的工作推荐给用户。该系统用工作类型、薪金、工作经验等作为特征，通过标准的加权和矩阵计算工作之间的相似度。Casper 也是协作的，因为它还会通过相似的用户给出推荐，而用户之间的相似度则是由他们给出相同评价的工作的数量计算得到的。

### 10. CASs

CASs 假设一群有着共同目的的人在 Web 中寻找信息，因此这些信息应该在他们之间共享。每个用户除了自己的用户模型外，还拥有他们共同的团队模型。用户寻找到的信息可供团队使用。

### 11. WebCobra

WebCobra 根据用户对一组文档给出的评价，从这组文档提取关键词向量来标识该用户。该关键词向量被发送给服务器，服务器使用简单的余弦方法，计算用户之间的相似程度并将该用户分配到某个团队中。当该用户对其他文档做出评价时，这些文档中的一部分会成为推送给其所属团队中其他成员的最好选择。团队主题集中在非常具体的领域，以辅助团队完成任务。

### 12. WebPersonalizer

WebPersonalizer 是一种基于 Web 使用挖掘的服务器端的推荐系统。Web 站点的服务器上保留了大量的访问日志（Web Access Log），这些日志记录了用户的相关访问信息，通过对这些访问信息的分析，也就是 Web 使用挖掘，可以帮助了解用户的行为和兴趣，从而最终实现推荐。WebPersonalizer 系统分为离线和在线两个模块：离线模块用于聚类；在线模块用于Web 页面的动态链接生成，每个访问站点的用户根据其当前的访问模式被分配到一个聚类中，那么在该聚类中其他用户所选择的页面将被动态地附加在该用户当前所访问的页面下方，由此为用户提供个性化推荐。

## 四、个性化服务中存在的主要问题

综合对国内、外研究现状的概述，可知已有的个性化服务系统主要存在以下几方面问题：

（1）缺乏建立用户模型的信息。这是用户模型中有代表性的一个问题，大多数系统都是通过用户填表、注册、评价或 Web 日志收集用户信息的。这很大程度上依赖于用户对系统的使用情况，如果使用只是偶尔发生的，系统所获得的用户信息是不足以建立准确的用户模型的。

（2）用户模型缺乏动态调节能力。对于通过用户注册信息建立用户模型的系统来说，当用户兴趣改变时，要想获得新的信息，该用户必须主动更改其注册信息。也有些系统是通过用户的显式反馈来调节用户模型的，比如，定期发送文档给用户打分或让用户对所给内容打分等。这些方法很少奏效，因为它们都会在一定程度上影响用户的正常活动。

（3）多数基于协作过滤的推荐系统或混合推荐系统都是通过用户所给出评价的对象实现用户聚类的，有些用户不愿意做出相应的评价，这就使得很难寻找与其相似的用户。

（4）多数推荐系统都是在用户再次使用该系统时，通过列出相关文档或链接的形式为用户给出推荐的，从某种程度上讲这只是一种偶尔发生的用户定制的行为，因此无法保证用户总能及时获得相关推荐。

## 五、个性化服务的应用意义

个性化服务作为一门新兴的技术，涉及人工智能、机器学习、数据挖掘等理论，吸引了越来越多研究人员和企业界的关注。个性化服务的意义可以在如下方面得到体现。

### （一）个性化推荐

传统的信息获取方式中，主动方是用户，是一个"拉"的过程；与之对应的是"推"，即个性化推荐。个性化推荐通过用户模型的学习，根据用户特点为用户推荐其感兴趣的信息，所采用的是"信息找人"的服务模式。

个性化推荐的工作原理是根据用户模型寻找与其匹配的信息，或者寻找具有相近兴趣的用户群，然后相互推荐浏览过的信息。个性化推荐，根据用户兴趣主动地将信息推送给用户，减少了用户寻找信息的时间。个性化推荐技术的研究已经取得了显著的成果，并在迅速朝着商业领域进军。

### （二）个性化信息检索

由于背景知识、兴趣爱好等方面的差异，不同用户对信息的需求往往是有区别的。目前多数搜索引擎所提供的信息检索服务并没有考虑用户的差异，对于任何用户，只要输入的关键词相同，返回的检索结果完全相同，检索结果常常包含很多用户不需要的无关信息。随着 Internet 信息量的迅速增长，这种不区分用户的检索必然会因检索时间过长而导致信息检索的效率降低。

不同于一般的搜索引擎，个性化信息检索通过观察用户的搜索行为，识别用户的信息需求偏好，根据用户对搜索结果的评价，调整具体的搜索策略，使得对于同一检索请求，能为不同用户返回满足其个人需求的不同信息。由于检索过程中考虑了用户的差异，个性化信息检索更具针对性，可以大大提高检索效率。

人们对个性化信息检索服务的需求正随着互联网技术的广泛应用而日益增长。随着智能技术的不断发展及学术理论的逐渐成熟，个性化信息检索必将取得突破性的进展。

### （三）个性化数字图书馆

数字图书馆（Digital Library）是随着图书馆的电子化、数字化和网络化而逐渐发展起来的信息资源系统，它突破了传统意义上的"馆藏"，实现了文献资源的数字化，信息传递的网络化和共享化。数字图书馆依照不同学科、不同领域为用户收集了大量零散的网络信息，通过有序的组合存放于网页供用户检索及浏览。

人们对信息的需求由于其知识背景、职业背景、环境背景等的不同而不同，人们是带着个性化的需求在使用图书馆的。发展中的数字图书馆及虚拟图书馆在技术上进行了革新，同时强调服务方式必须由被动转为主动，树立了用户至上的理念，依照用户要求量身定做，从而激发潜在的用户群。

依据各个类型用户的不同需求，动态提供相关学科最新的网络资源，使用户能够及时了解领域相关的学术信息而无需在海量的馆藏资源中"大海捞针"，能够节省大量的浏览与检索时间，更好地体现图书馆的亲和性。

### （四）E-Learning 和 E-Science

E-Learning，简单地说，就是在线学习或网络化学习，即在教育领域建立互联网平台，通过网络进行学习的一种全新的学习方式。E-Learning 改变了人们的学习方式，是教育领域的一次革命。据统计，在美国，通过网络进行学习的人数正在以每年 300％以上的速度增长。1999 年，已经有超过7000 万美国人通过 E-Learning 方式获得知识和工作技能、技巧，超过 60％的企业通过 E-Learning 方式进行员工的培训和继续教育。

个性化的 E-Learning 可以真正实现因材施教。每一位学习者都可以根据自己的学习特点和知识状态，在自己方便的时间从互联网上自由地选择合适的学习资源，按照适合自己的方式和进度进行学习。个性化的 E-Learning 已经成为研究者关注的热点。

科学研究是人类认识自然、改造自然的最根本的工具。从信息化的角度看，传统的科研方法主要存在封闭性和手段局限性的缺点。随着信息技术日新月异的发展，传统的科学研究方法已经不能满足当今科学研究工作的需要。

E-Science 首先在英国提出，John Taylor 将其定义为"E-Science is about global collaboration in key areas of science, and the next generation of infrastructure that will enable it"，即 E-Science 是在重要的科学领域中的全球性合作，以及使这种合作成为可能的下一代基础设施。其实质就是"科学研究的信息化协作平台"，不仅包括采用最新的信息技术建设起来的新一代的信息基础设施，更有在这种基础设施和相关支撑技术构成的平台上开发的科学研究的应用，以及科学家们在这样一个前所未有的环境中进行的科学研究活动。

E-Science 使得一种崭新的从事科研活动的方法和模式成为可能，这包括全球性的、跨学科的、大规模科研合作，跨越时间、空间、物理障碍的资源共享与协同工作，等等。E-Science 对于科研信息在整个科学界的充分共享、缩小科学研究领域的数字鸿沟、加速发展中国家的科技进步以及人类科学研究的更快发展，具有划时代的意义。

个性化的 E-Science 可以根据科研工作者各自的特点为其定制个性化交流环境、个性化虚拟科研社区，甚至是个性化的科研环境，从而使科研工作者更好地从事科研活动。

## （五）电子商务与客户关系管理

电子商务正在改变着人们的生活方式和企业的经营方式。随着电子商务的发展，电子商务网站在为客户提供越来越多选择的同时，其结构也变得更加复杂。一方面，客户面对大量的商品信息束手无策，经常会迷失在大量的商品信息空间中；另一方面，商家也失去了与消费者的联系。

在这种潮流中，客户关系管理（Customer Relationship Management, CRM）得到了企业的重视。CRM 是企业文化同业务结合的同时，形成的以客户为中心的经营理念。CRM 的目标是通过提供更快、更周到和更准确的优质服务吸引和保持更多的客户，达到个性化的服务。

例如，著名的网上书店亚马逊，通过实施个性化的 CRM，在面对强有力的竞争对手时立于不败之地。当用户在亚马逊购买图书以后，其销售系统会记录下用户购买和浏览过的书目，当该用户再次进入该书店时，系统在识别出该用户身份后就会根据他的购买历史为其推荐相关书目。这种有针对性的服务可以帮助客户快速找到所需商品，顺利完成购买过程，因此有效地保留了客户。个性化服务技术为 CRM 提供了强有力的技术支持。通过一对一的个性化服务，不仅能使企业更好地保持现有客户的忠诚度，还可以使企业找回已经失去的客户。

## 第二节　基于信息流的个性化服务

科技文档和科研工作者是科学研究中最根本的资源，在第一时间准确地获得相关的科技文档，从科研社区中得到持续的帮助对于科学研究来说是非常重要的。

信息技术和网络技术的飞速发展，给人类交流和信息传播带来了革命性变化，为人们的生活、工作和科研带来了巨大的方便。随着网络技术的发展，Internet 已经成为巨大的知识宝库和信息海洋，信息的指数增长也导致了"信息过载"和"信息迷向"。Web 中可用科研文档的迅速增长使得科研工作者要想及时、准确地从 Internet 上获得相关文档变得越来越困难，他们正在为此做着不懈地努力。

与此同时，同一科研组织中不同科研人员的研究领域通常存在交叉，一方面，他们常常为了获得相同文档而重复搜索和下载，这不但直接增加了成员负担，造成组织资源的浪费，还间接导致了组织工作的效率低下；另一方面，他们又常常通过电子邮件、留言板、手机短信等交流信息、讨论问题，有时也主动将有价值的文档推荐给其他成员，这可以在一定程度上实现成员间的文档共享，但仍然存在以下问题。首先，无法保证每个成员都愿意花费时间和精力向其他成员推荐对方需要的文档，因此无法从根本上避免组织成员为获得相同文档所做的重复操作。其次，即使每个成员都愿意向其他成员推荐对方需要的文档，仍然会有如下情况发生：一是某个成员的兴趣经常会随时间的推移而发生改变，其他成员可能在未察觉此变化的情况下，继续向其推荐他现在已不再需要的文档；二是一个成员很难完全把握其他所有成员的兴趣，也就是说我们不能期望每个人都能及时、准确地了解所有人的需求，因而无法将相关文档推荐给所有需要该文档的成员，也就无法充分实现成员之间的文档共享。

对于知识密集型的科研组织来说，在不影响科研工作者正常科研工作的前提下，充分利用组织资源，及时、准确地为科研人员推送相关文档，并为其提供简便、有效地与他人共享其所拥有科技文档，这种方法势在必行。它可以在很大程度上将科研人员从繁杂的资料搜索工作中解放出来。很多情况下，有些问题只有在相关人员面对面的帮助下才能得到较好的解决。成员之间的相互帮助构成了组织内部隐性知识的共享。可见，组织内部隐性知识的共享能够辅助科研人员更好地从事科研工作，从而提升整个组织的工作效率和竞争力。

随着组织成员之间通过电子邮件、聊天室、手机短信等的交流，由各种消息构成的信息流网络也在他们之间建立起来了。各种消息为我们提供了大量的有用信息：就个人而言，它可以告诉我们，自己在何时与谁发生了何种联系，在自己所熟悉的人之间存在何种关联，以及联系人的改变等；对组织而言，可以从中发现哪些人在一起工作，谁在不同团队之间起着联系作用，并指引新成员如何更快地融入组织等。

大部分组织中都存在许多自组织的社区，他们大多是由有共同兴趣的成员构成的，因此发现组织社会网中的社区结构，不但有助于用户兴趣的发现，对于协助者的确定也有很大帮助。社会网是人们之间的关系网络，从中可以观察成员的社会活动。社会网络的传统创建方法不但耗时多，而且很大程度上依赖于所调查对象的合作。组织中的信息流为我们提供了一种简单、易行、迅速收集社会网络数据的方法。组织内的信息流不仅能够揭示组织中的组织关系，还能像用户的浏览记录一样，反映出每个成员的兴趣和爱好。

这里采用的是基于信息流的方法，此方法通过科技文档推送和协助者推荐，有效地实现显性知识和隐性知识的共享：通过组织结构发现和对各种消息的内容挖掘，建立描述用户兴趣的用户模型，将一个较大组织中用户兴趣的发现过程简化为多个较小社区中用户兴趣的发现过程；将时间因素引入到用户兴趣的提取过程中，使用户模型随着消息的积累和时间的推移得到及时更新；根据用户兴趣主动、定期向用户推送相关文档，确保用户能及时、稳定地获得所需文档。根据组织结构为成员寻找协助者，并通过他们之间的链接分析（Link Analysis）对协助者进行排队，确定推荐顺序，从而实现协助者的推荐。

## 一、基本框架和步骤

对于从事科学研究的团队和组织来说，及时、准确地获得相关的科技文档以及便捷、畅通的沟通交流方式变得越来越重要。本章主要介绍了从事科学研究的组织中文档共享和协助者推荐方法。目标是充分利用组织资源，分别通过文档推送和协助者推荐实现显性知识和隐性知识的有效共享，以辅助科研人员更好地从事科学研究，从整体上提高组织的工作效率和竞争力。需解决的问题包括以下几个方面：

（1）找到可用于描述用户兴趣的丰富、稳定的用户信息来源；

（2）找到一种需要用户较少参与、甚至不需要用户参与的建立用户模型的方法；

（3）用户模型的描述既要反映他们各自的特点，又应该有助于利用他们的共性实现资源的有效共享；

（4）用户模型应该具有自适应能力，会随用户兴趣的变化而改变，这个过程同样需要减少用户的参与；

（5）在不需要用户参与的情况下，从组织中推荐合适的人选来帮助其解决工作中的难题。

组织中成员之间经常通过各种消息交流信息，在他们发送和接收消息的过程中，形成了组织的信息流网络，这是个自组织的网络，其结构反映了组织内成员间的关系和社区结构，其内容又能揭示成员的各自特点。下面介绍基于信息流的个性化服务的系统框架和主要实现步骤。

图 5-1 是基于信息流的个性化服务的系统架构，包括以下几个方面。

（1）资源空间（Resource Space）：它通过统一的方法管理分布、异构的资源。这里，它由存储信息流相关内容的信息空间（Information Space）和存储文档资源的文档空间（Document Space）共同组成。直观上，可以将文档空间看作一个 area-to-topic 的结构，按照 ACM 分类表的第一层和第二层组织文档空间中的科技文档，像关于某一领域的技术综述性的文档保存在文档空间第一层（Area 层）的相应领域（Area）中，而侧重某些具体问题的文档则保存在第二层（Topic 层）中相应的子领域（Topic）中。

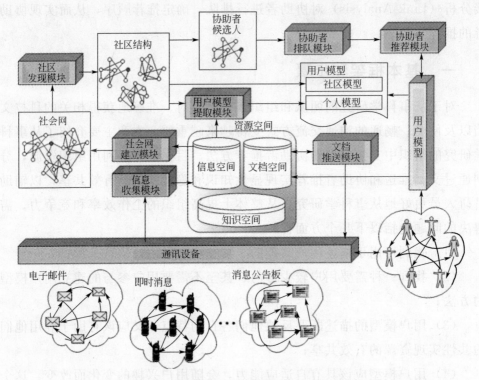

图 5-1　基于信息流的个性化服务的系统架构

（2）General-to-specific 的用户模型（User Profiles）：用户模型是用户兴趣的 general-to-specific 的描述。社区模型（Community Profile）是一个能覆盖整个社区共同兴趣的科研领域；个人模型（Personal Profile）反映社区成员之间的兴趣差别。社区模型与文档空间的领域层（ACM 分类表的第一层）对应，个人模型对应于 Topic 层（ACM 分类表的第二层）。

（3）信息收集模块（Information Collector）负责收集组织中由各种消息构成的信息流，并对所收集的信息进行必要的处理，将有用信息保存到信息空间中。

（4）社会网建立模块（Network Generator）的任务是根据信息空间中保存的各种消息，建立反映组织成员之间关系的社会网络。

（5）社会网（Social Network）是一个自组织的网络，它反映了组织中成员之间的关系。

（6）社区发现模块（Community Detector）通过社会网中的社区发现方法，找出组织中存在的科研社区（Research Community）。

（7）社区结构（Community Structures），通过社区结构可以很容易地建立社区模型，并找到能为当前用户提供帮助的组织成员。每个科研社区是由一队拥有共同科研兴趣的组织成员自发构成的。

（8）用户模型提取模块（Profile Extractor）根据组织的社区结构挖掘信息流建立用户的个人模型。

（9）协助者候选人（Helper Candidates）是组织中一组有可能帮助当前用户解决他所面临的问题的人。

（10）协助者排队模块（Helper Ranker）的职责是根据协助者候选人的能力对他们进行排队。

（11）协助者推荐模块（Helper Recommender）根据协助者排队模块的排队结果为用户推荐合适的协助者。

（12）用户接口（User Interface），在任何时间用户都可以通过用户接口调整自己的用户模型，请求系统为其推荐合适的协助者，浏览文档空间中的科技文档或者向文档空间上载文档。

（13）文档推送模块（Document Deliverer）主动地根据用户兴趣为组织成员推荐相关文档。

（14）通讯设施（Communication Facilities）为用户提供数字通讯的支持。现实世界中用户之间的关系网通过它转化成了像电子邮件网、短消息网这样的数字网络。

下面介绍基于信息流的个性化服务系统的主要步骤。

## （一）用户信息收集

收集用户信息是实现个性化服务的第一步，所收集用户信息的好坏将会直接影响到推荐结果的准确与否。目前大多数推荐系统是采用用户填表、用户显式反馈、跟踪用户行为、使用历史数据和 Web 日志等方式收集用户信息的。这些方式共同的缺点是信息量不足，因为它们很大程度上依赖于用户对系统的使用情况，而且用户填表和用户显式反馈都会一定程度上干扰用户的日常行为。找到一种以不干扰用户日常活动为前提的，持续、稳定、丰富的用户信息数据来源是很重要的。

组织中的成员经常通过各种消息交流，包括电子邮件、手机短信、BBS等，各种消息构成了组织中的信息流。信息流为建立用户模型提供了丰富、稳定的信息来源，除了消息主体，消息头中也包含大量的有用信息。我们利用消息的非结构部分和结构部分提供的丰富信息服务于组织内的资源共享。

## （二）基于信息流的社会网络建立方法

社会网是反映人们之间关系的网络。社会网的传统建立方法存在耗时多、依赖所调查对象的合作等缺点。组织中的信息流为我们提供了一种简单、易行、迅速收集社会网相关数据的方法。因此，从信息流中提取社会网：节点表示组织成员，在共同出现在同一消息头中的成员之间添加表示关联的边，并用不同阈值来限制成员间所传递消息的最少数目。

## （三）基于社区发现的用户模型

相对于遍布于全球的用户而言，同一科研组织中的科研人员往往存在某些共性，如何利用他们的共性，建立既能反映其共性又能反映他们各自特点的用户模型，是需要解决的一个关键问题。另外，用户兴趣会随时间的推移而发生变化，如何捕捉用户兴趣的动态改变是用户模型建立过程中需要解决的另一个问题。

组织中自组织的社区是由有共同兴趣的成员构成的。采用一种 General-to-Specific 的用户模型来描述用户的兴趣。用户模型由社区模型和个人模型共同构成，处于同一个社区的用户拥有一个共同的社区模型，描述他们共同的兴趣；每个社区成员还有一个描述其各自特点的个人模型。分别根据组织的社区结构和信息流的内容挖掘，建立了用户的社区模型和个人模型。

## （四）自适应的用户模型

在现实生活中，用户的兴趣是会随着时间发生改变的，只有能够根据用户兴趣的变化调整推荐内容的个性化服务系统，才是真正的个性化服务系统。如何捕捉用户兴趣的动态改变是用户模型建立过程中需要解决的另一问题。大多数个性化服务系统，既没有解决根据兴趣变化对推荐内容进行调整的问题，也没有解决在一定范围内的兴趣异常的有效性的问题。

信息流固有的时间属性，使自适应的用户模型成为可能。用信息流的时间属性调整信息流对用户模型的影响，使其影响力随时间的增长而降低，建立了具有自适应能力的用户模型。

## （五）文档的推送方法

多数推荐系统都是在用户下次使用该系统的时候以列出相关网页或文档的方式实现推荐的。这种方式从某种程度上讲是一种偶尔发生的用户定制行为，因为它很大程度上依赖于用户使用该系统的频率，无法保证用户总能及时、稳定地获得其所需要的内容。理想的情况是以较小的代价和便捷的方式将推荐结果呈现给用户，使用户总能及时、准确地获得所需要的文档。

电子邮件相对于像网页搜索这样的"拉"的方式来说是一种"推"的分发机制，这里我们假设用户总会因为其他某些原因而定期检查电子邮件。我们根据用户模型定期将相关文档以电子邮件附件的形式发送给用户，这就使得用户不需要单独执行任何操作就可以得到相关文档。

### （六）协助者识别和排队

当用户在工作中遇到自己无法解决的难题时，他往往需要来自他人的建议或面对面的指导。他需要的人应该是其所从事工作方面的专家。从组织中找到能为其提供有效帮助的协助者是有意义的。

像很多的 Web 搜索一样，很多专家推荐系统都是通过文本分析识别专家或专家知识的。也有人将链接分析应用到专家识别和排队中。将组织的社区结构引入协助者识别中，根据组织的社区结构找到那些能为当前用户提供帮助的协助者候选人，并通过协助者候选人之间的关系分析对协助者候选人进行排队，确定推荐顺序。

## 二、基于信息流的个性化服务的特点

（1）用户兴趣的学习和模型的建立不需要用户的任何干预，没有采用像用户反馈、注册和评价这样的技术。有的推荐系统首先要求用户对一组文档做出评价，然后根据评价结果从这组文档中提取一个关键词向量来标识该用户；有的推荐系统开始时将用户提供的描述其个人兴趣的一组关键词作为用户模型的核心，然后执行一个学习过程来完善和调整用户模型，直到表示用户兴趣的用户模型达到某一稳定状态为止。

（2）大多数推荐系统都是通过用户反馈并跟踪用户对该系统的使用情况来学习用户兴趣、建立用户模型的。这种信息来源也许能满足用户即刻的信息需求，但对于描述用户长期、稳定的需要往往是不够的，因为通常情况下无法保证用户会经常使用这些系统。随着网络的发展，电子邮件已经成为人们交流的主要方式之一，由电子邮件、手机短信等各种消息构成的信息流为用户兴趣的学习提供了丰富、稳定的数据来源，以组织内的信息流为基础建立描述用户兴趣的用户模型，使用户模型更准确。

（3）通常，推荐系统都是在用户再次使用该系统的时候以给出相关网页或文档列表的形式实现推荐的。这种推荐只是一种偶尔发生的用户定制行为。相对于像网页搜索这样的"拉"的方式来说，电子邮件是一种"推"的分发机制，定期将相关文档以电子邮件附件的形式发送给用户，这就使得用户不用单独执行任何操作就可以及时、稳定地获得相关文档，同时也使组织只需很低的代价就可以采用我们的方法。

（4）提供了团队感知（Group Awareness）功能，Awareness 的含义是"对其他成员行为的了解，这种了解为你自己的行为提供了上下文相关的支持"。有的系统为了实现团队感知，每个团队成员需要在下班前写一封说明其当天所做工作的"today message"。这里的感知是即刻的、短期的（一天的感知）。通过用户兴趣，浏览用户模型和社区结构成员，可以迅速、准确地在整个组织中确定自己的位置，并能够了解其他人过去做了些什么、正在做什么。同时，用户模型也能告诉我们从哪个社区中的哪个成员那里能学到什么。因此，此处提供的感知是稳定的、长期的。

（5）简化了兴趣发现过程，将社会网络中的社区发现引入用户兴趣的发现过程，从而将一个较大组织中的兴趣发现问题简化为多个较小社区中的兴趣发现问题。

（6）捕捉用户兴趣的动态变化，将调节信息流对用户兴趣描述能力的时间因子引入兴趣的提取过程，使得其描述能力随时间的增加而降低，从而使用户模型随着时间的增长和信息流的增加而自适应用户兴趣的改变。

（7）根据社会网络的社区发现而不是文本分析，确定能为用户提供帮助的协助者，并将加权的 PageRank 引入到组织的社会网络中，通过协助者候选人之间关系的分析对他们进行排队，实现协助者的推荐。

# 第三节　基于信息流的社会网络构建

## 一、基于信息流的社会网络创建方法

一个组织的社会网络可以向我们传递很多有关其成员的信息。比如，一个成员是否有少数几个关系紧密、联络频繁的朋友，是否有多个交往规律但联系较少的普通朋友等。社会网络的建立是一项耗时、费力的艰巨任务。传统的收集社会网络相关数据的方式主要包括调查/访问（Conducting Interviews/Surveys），观察行为者（Observing the Actors）或从已有的档案记录中抽取（Extracting from Archived Records）等。这些方法不但耗时多、费力，还很大程度上依赖于所调查对象的配合。

当我们提到社会网络时，通常会将它与物理世界联系在一起，Wellman等认为在物理世界中的各种概念同样适用于从数字世界中建立的网络。事实上，数字化数据（Digital Data）本质上都是可档案化的，也就是说系统能够跟踪任何人的数字习惯。比如，他们访问过哪些网站，他们通过电子邮件或即时消息（Instant Message，IM）在什么时间与什么人联系过，他们填写了哪些表格，他们何时在线，等等。事实上，数字交互（Interactions）的日志（Logged）特性，使得它能提供比物理世界所提供的更完整的关于成员社会网络的记录信息。有些科研工作者已经认识到数字数据为深入个人社会网络提供了有效的途径，并且进行了有益的探索。

Chat Circles 是一个同步聊天室的图形化界面，它的升级版 Chat Circles 2 扩展为聊天和历史两个视图。历史视图通过跟踪用户在聊天室所留下的各种"痕迹"来揭示用户的历史行为。

Nguyen 和 Mynatt 根据人们的在线交互信息建立了隐私镜子（Privacy Mirror）。通过该系统，人们不仅能够获得包括自己在内的所有人的日志数据，还可以了解每个人在所指定网站的历史交互信息。

Viégas 以电子邮件为基础开发了 PostHistory，PostHistory 向人们揭示了他们使用电子邮件的习惯。PostHistory 通过分析电子邮件揭示了用户以何种频率，在什么时间，与什么人进行了交谈；并以优美的可视化形式将这些信息传递给用户，使用户清楚、直观地了解谁写给他们的电子邮件最多，在什么时间和以何种频率收到个人邮件和团队邮件等信息。

Social Network Fragments 以显性的方式揭示电子邮件中的社会网络模式（Social Networks Patterns），给出了反映用户个人习惯的个人社会网。在该网中，每两个人之间的关系都有一个表示其紧密程度的数值属性。另外，它还为用户提供了一个可视化交互工具，通过该工具，用户不仅可以以聚类的形式访问自己的电子邮件数据，也可以浏览以往的历史数据。

组织中存在着各种消息流，包括电子邮件流（Email Flow）、即时消息流（Flow of Instant Message）、公告版中的消息流以及博客（Blog）中的消息流等，它们共同构成了组织内部的信息流，为建立社会网络提供了大量数字化的数据来源，以信息流为基础建立了反映成员间关系的社会网络。

## （一）信息流的收集方法

一个组织中有各种消息在流动，如果没有特别说明，将它们统称为消息。像电子邮件这样的消息并非无格式文本，除了非结构化的消息体（Message Body）外，其结构化的消息头还向我们提供了很多附加的信息。通常消息头由发送人字段（From）、接收人字段（To）、主题字段（Subject）等多个字段共同构成。消息中能帮助我们描述用户兴趣的内容主要包括 From，To，Date，Subject，Content 和 Attachment 这六个字段。

下面以电子邮件为例描述收集组织内信息流的过程。假设每个团队成员都拥有一个由统一的电子邮件服务程序（例如，WebEasyMail）管理的内部电子邮件信箱。为了简化电子邮件的收集，可以在电子邮件服务器的某个目录下（如 F:\database，以下称为数据库目录）建立数据库文件（如 mail.mdb，以下称为电子邮件数据库）来保存团队成员之间的电子邮件信息。每封邮件在电子邮件数据库中存储为一条记录，包含六个字段，各字段的名称和含义如下：

发件人（From）：发件人的电子邮件地址；

收件人（To）：收件人的电子邮件地址；

发送时间（Date）：发送该电子邮件的时间；

主题（Subject）：电子邮件的主题；

正文（Content）：电子邮件的正文内容，对于长度超过 255 个字符的，以对象连接和嵌入的方式存储；

附件（Attachment）：文本格式的附件。

下面介绍收集电子邮件的具体过程：

首先，通过 WebEasyMail 提供的服务将团队成员之间的所有电子邮件自动转发到一个固定账户中（如用户名为 agent，密码为 agent 的账户）。该账户的邮件保存在邮件服务器的某个固定目录中（如：C：\WebEasyMail\mail\agent，以下称为未解码邮件目录）。

然后，定期（如每天一次）运行所编写的邮件收集程序（如 MailGatherer）以实现电子邮件的自动存库。该程序依次读取未解码邮件目录中的每封电子邮件，分析邮件头，解码邮件体，把解码后的相关信息保存到电子邮件数据库中；并将处理过的电子邮件移到电子邮件服务器的另一目录中（如C：\WebEasyMail\mail\agent_deleted，以下称为已解码邮件目录），下次运行 MailGatherer 时不再处理。通过 Windows 的"计划任务"可以实现 MailGatherer 的自动定期运行。在将解码内容保存到电子邮件数据库之前，MailGatherer 要对收件人和发件人的表示格式进行统一。例如，将"Tom <xxx@yyy>"或"Tom Bruza<xxx@yyy>"等统一表示为<xxx@yyy>，再保存到电子邮件数据库中。

为简化处理过程，这里只收集组织内部的各种消息，即收件人和发件人均为组织成员的消息。在收集过程中忽略了发送给超过一定阈值（如 10 个人，与团队的规模有关）的消息，因为这些消息通常为通知类的消息，对于描述成员之间的关系和用户的兴趣没有太大的帮助，并且只保留第一个文件类型为 word，pdf，ps，html 或纯文本的消息附件。

我们鼓励团队成员通过内部信箱或公告版等交流信息，成员也可以通过内部信箱与组织外人员交流，但通常只保留组织内部的消息。各种垃圾消息主要来源于不认识的人，而只收集组织内部的各种消息，此过程能将多数垃圾消息过滤掉。也就是说，消息收集过程的同时，也承担着垃圾消息过滤的功能。

## （二）组织社会网构建方法

在大多数组织中都存在很多由成员自发组织在一起构成的非正式的社区。一个社会网是一个反映团队或组织中成员之间关系的图，从中我们可以观察成员的各种社会行为。正像前面介绍的一样，社会网络的建立是一项困难而艰巨的任务，因为像访问、观察角色行为或是从已有的文档记录中抽取信息等的传统方法不但耗时多，而且很大程度上依赖于所调查对象的合作程度。最近，随着计算机技术的发展，人们提出了一些建立社会网络的新方法，它们包括从计算机网络、邮件列表、个人网页或留言板等建立社会网。这些方法相对于传统方法来说，简单、容易且迅速。

根据信息流的特点，从中自动建立描述组织成员之间关系的社会网络。用节点表示组织中的成员，在同时出现在同一消息头的成员之间添加表示他们关联的边；还可以通过不同的阈值限定两个成员之间所交流的消息的最小数目，即只有在两个成员之间所交流的消息数目不小于阈值的情况下，才在他们之间添加表示他们之间有关联的边。

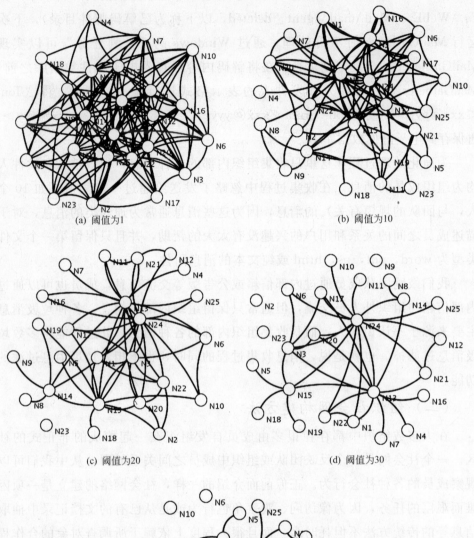

(a) 阈值为1

(b) 阈值为10

(c) 阈值为20

(d) 阈值为30

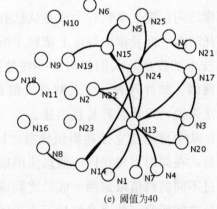

(e) 阈值为40

图 5-2　从信息流中建立的社会网络实例

图 5-2 是阈值取值不同时，从信息流中建立的描述科研组织内成员之间关系的社会网，为了保护隐私，这里用数字 ID 代替了成员名称。

从社会网络的建立方法中可以知道，随着阈值的增长，社会网络中的边必然会越来越少，从图 5-2 中也可以发现这个现象。当阈值为 20 时，网络中就出现了孤立节点；当阈值为 30 时，孤立节点更多了；而阈值为 1 时，社会网络中的边又显得过多。以图 5-2 为例，阈值为 10 或 20 时所建立的社会网络较好地反映了成员之间的关系。

Pajek 是 Windows 下用于大型网络分析和可视化的程序，可以从其主页免费下载 Pajek 用于非商业目的的活动，具体地址是 http：//vlado.fmf.uni-lj.si/pub/networks/pajek/。

Pajek.net 文件是 Pajek 用来读、写网络的文件格式，是严格限制的纯文本文件格式，这里采用类 Pajek.net 的文件格式存储社会网络的相关数据，以下为其中的一部分定义说明：

节点 ID 号：是一个从 1 到 $n$ 的正实数；

节点名称：双引号中间的字符串；

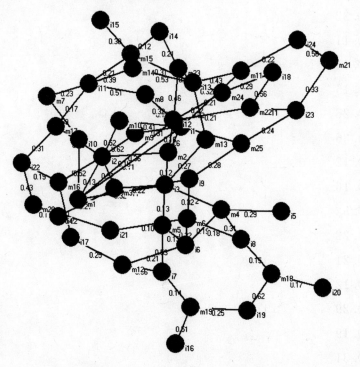

图 5-3　一个包括 49 个节点的网络

有向边：可以是单条有向边或有向边的列表；

无向边：可以是单条无向边或无向边的列表；

边的权重：一个表示权重的数字。

下面就是图 5-3 给出了一个由 49 个节点构成的网络，下面是相应的 Pajek. net 文件的具体内容和格式。

\* Vertices 49

1 "m1" 2 "m2" 3 "m3" 4 "m4" 5 "m5" 6 "m6" 7 "m7" 8 "m8" 9 "m9" 10 "m10" 11 "m11" 12 "m12" 13 "m13" 14 "m14" 15 "m15" 16 "m16" 17 "m17" 18 "m18" 19 "m19" 20 "m20" 21 "m21" 22 "m22" 23 "m23" 24 "m24" 25 "m25" 26 "i1" 27 "i2" 28 "i3" 29 "i4" 30 "i5" 31 "i6" 32 "i7" 33 "i8" 34 "i9" 35 "i10" 36 "i11" 37 "i12" 38 "i13" 39 "i14" 40 "i15" 41 "i16" 42 "i17" 43 "i18" 44 "i19" 45 "i20" 46 "i21" 47 "i22" 48 "i23" 49 "i24"

\* Edges

1 26 0. 11
1 27 0. 13
1 28 0. 32
1 34 0. 11
1 35 0. 14
1 37 0. 15
2 26 0. 26
2 27 0. 36
2 28 0. 12
2 37 0. 16
3 27 0. 52
3 28 0. 22
3 29 0. 21
4 28 0. 12
4 30 0. 29
4 31 0. 19
4 33 0. 31
5 28 0. 13

5 31 0.13

5 32 0.53

6 31 0.32

6 33 0.18

...

25 26 0.41

25 34 0.28

25 48 0.24

## 二、社区模型

### （一）社区发现

利用上一章介绍的遵循最小组件规则和 $N-1$ Betweenness 规则的改进 GN 算法，结合社会网权重的改进方法，可将上节根据某科研团队的电子邮件构建的社会网进行社区发现。通过基于绝对重要性的边长计算方法，对在阈值为 10 的情况下建立的社会网络的边长进行了标注，详见图 5-4，图中每

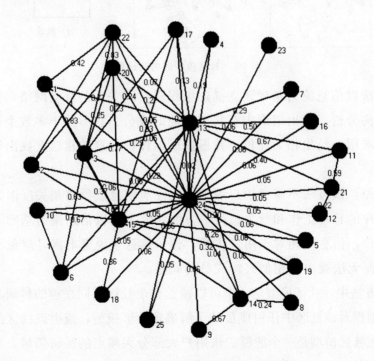

图 5-4 阈值为 10 的加权社会网络

条边的旁边都有一个 0 到 1 之间的数值指示该边的长度，即由该边所连接的两个节点之间关系的紧密程度。

## （二）社区模型

WebCobra 采用协同过滤技术，根据用户所给出评价信息的相似性找出有相同兴趣的用户，建立团队模型，实现协同推荐。对于初次使用该系统的用户来说，由于其所提供的评价信息较少，因而无法保证总能为其指定正确的团队并建立准确的团队模型。

建立社区模型的过程可以由图 5-5 表示，首先从组织中的信息流建立描述组织成员之间关系的社会网络；然后，通过扩展后的 GN 算法找出社会网络中存在的社区结构；最后，根据对社区成员的了解确定社区模型。

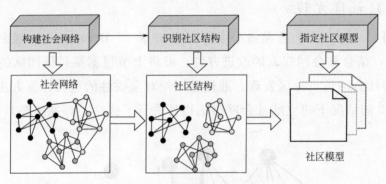

图 5-5　社区模型的构建过程

该方法以信息流为基础建立描述组织成员间关系的社会网络，通过社会网络的结构分析，找出组织中有共同兴趣的成员。它不同于多数个性化服务系统，要求用户给出相关评价，并根据所给评价信息的相似度找出有共同兴趣的用户。

一方面，该方法不需要用户填写任何注册信息或给出相关反馈，因而不会影响用户的日常工作和行为；另一方面，该方法以信息流为基础寻找兴趣相似的用户，信息流相对于用户注册、评价信息来说更丰富，避免了因缺乏用户信息而无法找出有相似兴趣成员的问题。

在该方法中，社区模型是一个可以覆盖整个社区共同兴趣的科研领域，管理员可以根据对该社区中任何成员的了解确定社区模型，或由该社区的某个成员指定。该社区模型是一个能覆盖该用户大部分兴趣点的科研领域。当然，这个成员在该科研社区中的度（Degree）越高，所建立的社区模型越可靠。

# 第四节 基于社区的用户模型

## 一、用户模型

一个科研组织中往往存在很多自组织的社区，这些社区一般是由有着共同科研兴趣的组织成员构成的，称其为共同兴趣社区或科研社区。一方面，属于同一科研社区的成员在较大的方面拥有相似或相近的科研兴趣或爱好；另一方面，他们的爱好又多少存在着差别。例如，一个组织中对于信息系统感兴趣的成员可能共同组成一个科研社区，他们都致力于信息系统方面的研究，但他们中可能有的侧重于数据库管理方面的研究，有的则侧重于信息系统的应用。因此，我们提出了一种 General-to-Specific 的描述用户兴趣的用户模型（User Profiles）。每个用户模型由描述其所属社区公共兴趣的社区模型（Community Profiles）和描述其个人具体爱好的个人模型（Personal Profiles）共同构成。对于一个科研组织而言，用户的社区模型就是一个能覆盖其全部成员主要兴趣的科研领域，反映该社区成员的共同兴趣；用户的个人模型则是该领域中的一个或多个子领域，描述该成员具体的工作侧重点。

除了为文档推送提供支持外，用户模型还可以带来如下好处：用户可以通过浏览用户的当前模型和历史模型来了解组织中其他所有成员正在做些什么，已经做了些什么，从而实现组织成员的团队感知（Group Awareness）；用户也可以通过用户接口修改其个人模型，使其兴趣的描述更准确，从而使文档的推送更准确。

## 二、用户模型构建方法

用户模型在个性化服务中起着非常重要的作用，它反映了用户的个人信息和兴趣。WebWatcher 中，用户通过描述其目的的关键词说明其正在寻找什么。Syskill 和 Webert 则通过用户对文档的评价建立用户模型，并根据贝叶斯分类方法为用户推荐与其已给出评价的文档相近的文档。GroupLens 的目标是通过用户协作，从 Usenet 新闻中找出他们感兴趣的内容，用户也可以对该文档进行评价，评价信息由客户端发送到服务器端供其他用户参考。

GroupLens 还会利用这些信息调整该用户和其他用户的相关性。PTV 通过 WWW 和 WAP 为用户推荐电视节目，并根据用户的相关反馈更新用户模型。MOVIELENS 根据与用户有相似视频爱好的用户的相关信息和用户之前给出的评价信息建立用户模型。Casper/Jobfinder 是根据用户对工作的评价为用户推荐新工作的。另外，它也是协作的，用户之间的相似度是由他们给出相同评价的工作的数量计算的。CASs 中，每个用户除了自己的用户模型外，还拥有与其有着共同目的的其他用户相同的团队模型。WebCobra 根据用户对一组文档的评价标识该用户，并根据其评价结果的相似性为每个用户指定一个团队。

神经网络也被用来学习构建用户模型的主题发现和过滤 Internet 上的新闻，另外一些学者采用遗传算法来学习用户兴趣。Lang 在他的新闻网过滤系统 News Weeder 中，比较了各种用来构建用户模型的方法。

这些系统大多是以用户对相关文档、工作、电视节目等的评价信息为数据来源学习构建用户模型的，这种方法往往依赖于用户对系统的使用情况，用户使用系统的频率越低，用于描述其兴趣的数据就越稀疏，缺乏描述用户兴趣的信息是个性化服务中普遍存在的一个重要问题。

这些系统中很多采用了协同过滤技术，用户属于某个有共同兴趣的团队，既拥有一个描述其所属团队的共同兴趣的团队模型，又拥有一个描述其个人兴趣的个人模型。它们大多是根据用户评价信息的相似度确定用户所属团队的，因此，社区模型的建立同样面临数据稀疏的问题，当用户所给出的评价信息较少时，很难保证能将用户指派到正确的团队中。

另外，他们当中的大多数系统既没有解决根据兴趣变化对推荐内容进行调整的问题，也没有解决在一定范围内的兴趣异常的有效性问题。有些系统则是以在整个推荐过程中用户的兴趣不会发生改变的假设为前提的。然而，在现实生活中，用户的兴趣是会随着时间发生改变的，只有能根据用户兴趣的变化调整推荐内容的个性化服务系统才是真正的个性化服务系统。在个性化服务系统中，如何更新用户模型是系统实现的另一个关键问题。

## 三、用户模型构建步骤

很多个性化推荐系统都是通过让用户填写注册信息或定期给出某些产品

（如文档或电视节目等）的评价信息来建立描述其兴趣的用户模型的。某些系统要求用户先给出一组文档的评价，然后根据用户的评价从这组文档中抽取关键词向量，建立用户模型。Syskill 和 Webert 都是根据用户对相关文档的评价来建立用户模型的。另外一些系统则要求用户给出对自己兴趣的描述，并以此作为用户模型的初始核心。因此，这些系统常常要求用户填写各类注册信息，如年龄、爱好等；或要求用户按要求对所给的文档等打分，如给出从 1（代表很差）到 5（代表很好）的分数。这是一件费时、耗力的工作，需要用户的积极配合。

系统明确要求用户给出某些产品的评价，这种方法一般可以反映用户对资源的真实评价，准确度和可信度较高。它需要干扰用户正常的浏览行为，而许多用户并不情愿主动地向系统表达自己的爱好。

用户一般不愿花费时间填写这样的注册信息或给出相关产品的评价信息，他们往往希望能有更简单的方法，这也就使得系统用于描述用户兴趣的信息不足，所建立的用户模型也就不够准确。

Web 站点的服务器上保留了大量的访问日志（Web Access Log），这些日志记录了用户的相关访问信息，通过对这些访问信息的分析，也就是 Web 使用挖掘，可以帮助了解用户的行为和兴趣，从而最终实现推荐。Web 日志挖掘中最常使用的方法是根据网页的点击次数来评价用户对该网页的兴趣，其实这种方法是不完整的，而且经常是不正确的。但该方法可用于辅助其他日志分析技术。尽管 Web 日志的信息不够全面，还是可以从中发现许多有意义的信息。比如，通过收集用户顺序请求的日期和时间，可以分析出用户在每个资源上所花费的时间，从而可以推断用户对该资源感兴趣的程度；通过收集用户感兴趣的领域，有利于对用户感兴趣的内容进行分类；通过分析用户请求的顺序，有利于预测用户将来可能的行为，从而推荐合适的信息等。

有学者提出了一种基于 Web 使用挖掘的服务器端的推荐系统——Web-Personalizer。WebPersonalizer 系统分为离线和在线两个模块，离线模块用于聚类；在线模块用于 Web 页面的动态链接生成，每个访问站点的用户根据其当前的访问模式被分配到一个聚类中，那么在该聚类中其他用户所选择的页面将被动态地附加在该用户当前所访问的页面的下方，由此为用户提供个性化推荐。另外一些系统也是通过用数据挖掘的办法从 Web 日志中抽取用户使用模式的方式建立用户模型的。对于个性化推荐来说，只是从 Web 访问日志来抽取模式是不够的，Shahabi 和 Chen 还指出，来自服务器端的 Web 使用数据并不一定可靠，因此从 Web 服务日志中得到的相关数据也可能是错误的。

就像人们在 Internet 上浏览的内容能反映出人们的兴趣、爱好一样，一个人所发送或接收的各种消息的内容也能揭示其兴趣和爱好。由组织内的各种消息所共同构成的信息流相对于用户的注册信息、评价信息或 Web 日志等来说是描述用户兴趣更丰富、更稳定的数据来源，因此，以此为基础建立的用户模型能更准确地描述用户兴趣。我们跟踪用户日常工作中发送和接收的各种消息，结合用户所处的科研社区，通过分析消息的具体内容来建立用户的个人模型。

## （一）主要流程

用户个人模型的建立过程如图 5-6 所示，该过程主要包括消息过滤、相关消息分类和个人模型计算三步。

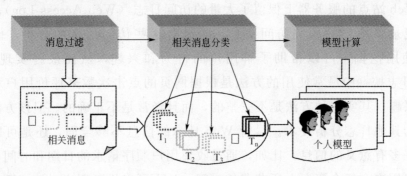

图 5-6　个人模型的建立过程

首先，由消息过滤模块将保存在信息空间内的各种消息划分为相关消息和无关消息，从而过滤掉无关消息。相关消息是内容涉及科研信息的一类消息，无关消息则是内容不包含科研信息的消息。然后，由相关消息分类模块通过文本分类的方法，为每条相关消息指定一个主题。这里的主题是与用户所处科研社区的社区模型相对应的领域中的一个子领域，每条消息的主题能较好地代表该消息的主要内容。最后，由个人模型计算模块通过统计相关消息的分类结果确定每个用户的个人模型。该方法的主要思想就是，一个成员所写或所读的关于某个主题的相关消息越多，该主题就越吸引他，也就是说他对该主题越感兴趣。

### （二）消息表示和过滤

每条消息 $m$ 可以由标准的 TFIDF 方法表示为一个加权的向量 $\vec{m}=(m_1, m_2, \cdots)$。

$$m_i = TF(w_i, m) \cdot IDF(w_i) \tag{5-1}$$

式中，词频 $TF(w_i, m)$ 是单词 $w_i$ 在消息 $m$ 中出现的次数；$IDF(w_i) = \log\left(\dfrac{|D|}{DF(w_i)}\right)$；$|D|$ 表示训练样集所包含的消息数；$DF(w_i)$ 是单词 $w_i$ 在其中至少出现过一次的消息数。

因为消息不是简单的纯文本文件，在计算 $w_i$ 的权重时将消息的主题和正文分开处理，但具体的处理方法完全相同，即 $w_i$ 在消息主题中出现一次等价于 $w_i$ 在消息正文中出现一次。

本应用中，分开处理消息的正文和消息的主题，但具体的处理方法有所不同。通常来说，消息的主题往往是消息内容的一个概括，因此，消息主题中的词相对于消息正文中的词来说，往往具有更强的描述能力和区分价值，即消息主题中的词对于消息分类来说更重要。我们在计算 $w_i$ 的权重的过程中，在计算 $TF(w_i, m)$ 时，$w_i$ 在消息主题中出现一次相当于 $w_i$ 在消息正文中出现了 $t$ 次（$t>1$），而对 $DF(w_i)$ 不做任何修改。$TF(w_i, m)$ 值的增加增强了 $w_i$ 的重要性；同时，$DF(w_i)$ 维持不变确保了 $w_i$ 的提升不至于被削弱。$w_i$ 权重的加强，反过来增强了 $w_i$ 的区分能力和描述能力。

各种消息通常都比较短。因为一条消息的正文、主题和附件往往都围绕着一个共同的主题，为了更准确地反映消息的内容，在计算 $w_i$ 的权重时，将消息的文本附件作为消息正文的一部分来处理。

对于一个科研组织而言，重视的是整个组织的科研情况，只有涉及科研信息的消息才是有用的。因此，可以以消息内容是否涉及与科学研究相关的内容为标准对组织内的消息进行划分，将组织内的消息划分为相关消息和无关消息。相关消息由消息内容涉及科研问题的消息构成，如组织成员间对当前某一科研领域前景的探讨，对某一具体问题的讨论或观点等；所有不涉及科研信息的消息统称为无关消息，它有可能是会议通知、放假通知、节日问候等。消息过滤可以看作是只包括相关消息和无关消息两类消息的消息分类，具体是通过文本分类的方法实现的。

首先，分别为相关消息和无关消息建立分类模型。与普通文本分类不同的是，在建立分类模型的时候，不仅仅考虑每个模型的正训练实例（Positive Training Examples），也考虑它们的负训练实例（Negative Training Examples）。

$$\vec{m}_1 = \alpha \frac{1}{|M_1|} \sum_{\vec{m} \in M_1} \frac{\vec{m}}{|\vec{m}|} - \beta \frac{1}{|M_2|} \sum_{\vec{m} \in M_2} \frac{\vec{m}}{|\vec{m}|} \qquad (5\text{-}2)$$

$$\vec{m}_2 = \alpha \frac{1}{|M_2|} \sum_{\vec{m} \in M_2} \frac{\vec{m}}{|\vec{m}|} - \beta \frac{1}{|M_1|} \sum_{\vec{m} \in M_1} \frac{\vec{m}}{|\vec{m}|} \qquad (5\text{-}3)$$

$\vec{m}_1$ 是相关消息的分类模型，它是一个特征值的加权向量；$\vec{m}_2$ 是无关消息的分类模型，它也是特征值的加权向量。

$\alpha$ 和 $\beta$ 是调节正训练实例和负训练实例的影响力的参数，可分别取值为 16 和 4。$M_1$ 和 $M_2$ 分别是相关消息和无关消息的训练样集；$|M_1|$ 和 $|M_2|$ 分别是训练样集 $M_1$ 和 $M_2$ 中包含的消息数。$\vec{m}$ 是消息 $m$ 的特征值向量表示，$|\vec{m}|$ 表示 $\vec{m}$ 的欧几里得长度。显然，$M_1$ 是相关消息的正训练实例的集合，是无关消息的负训练实例的集合；$M_2$ 是无关消息的正训练实例的集合，是相关消息的负训练实例的集合。

在将训练样集中的消息转化为特征向量时，往往要经过降维和特征提取。在特征提取时，可以忽略在 $M_1$ 和 $M_2$ 中出现次数相近的特征值，因为它对于相关消息和无关消息的分类帮助不大。

然后，将信息空间中保存的消息 $m$ 转化为特征向量 $\vec{m}$，分别比较 $\vec{m}$ 与 $\vec{m}_1$ 和 $\vec{m}_2$ 的相似度。常用的相似度比较方法有余弦相似度（Cosine Similarity）、内积距离、皮尔逊相关系数等。此处采用了余弦相似度，向量 $\vec{m}$ 与 $\vec{m}_k$ 的相似度 $Sim(\vec{m}, \vec{m}_k)$ 为：

$$Sim(\vec{m}, \vec{m}_k) = \frac{\sum_{t=1}^{n}(m_t \times m_{kt})}{\sqrt{\sum_{t=1}^{n} m_t^2 \times \sum_{t=1}^{n} m_{kt}^2}} \qquad (5\text{-}4)$$

这里的 $n$ 是特征向量的个数。如果 $Sim(\vec{m}, \vec{m}_1) > Sim(\vec{m}, \vec{m}_2)$，则 $m$ 为相关消息；否则，$m$ 为无关消息。我们定期对信息空间中积累的新消息进行划分，从而过滤掉无关消息。

## （三）相关消息分类

相关消息分类的目的是通过文本分析的方法确定每条相关消息所表达的

主要内容，以便于个人模型计算模块确定每个组织成员的个人模型。我们的出发点是找到用户的个人模型，可以把这个过程限制在某个具体的科研社区内，只分析社区内部成员之间所交流消息具体内容。

每个科研社区的用户都拥有一个相同的社区模型（一个可以概括大多数社区成员兴趣的科研领域），可以假设社区成员间所交流的相关消息的内容都属于与社区模型相对应的那个科研领域。每个科研领域又可以进一步划分为多个不相交的子领域，为了便于相关消息的分类和用户个人模型的描述，称一个子领域为一个主题（Topic）。相关消息分类就是要确定科研社区内每条相关消息从内容上讲是属于与当前社区模型所对应的领域中的哪个子领域，即确定每条相关消息的 Topic。用相关消息的 Topic 描述该消息所表达的主要内容，这也是通过文本分类的方法实现的。

首先，通过公式(5-5) 建立每个 Topic 的分类模型。

$$\vec{t}_k = \frac{1}{|D_k|} \sum_{\vec{d} \in D_k} \frac{\vec{d}}{|\vec{d}|} \tag{5-5}$$

式中，$D_k$ 是 Topic $t_k$ 的训练样集，由文档空间中文档分类为 $t_k$ 的文档构成；$|D_k|$ 是 $D_k$ 包含的文档数；$\vec{d}$ 是文档 $d$ 的向量表示；$|\vec{d}|$ 是 $\vec{d}$ 的欧几里得长度。

建立好分类模型之后，就可以计算相关消息与各 Topic 模型之间的相似度了。假设与当前的科研社区的社区模型所对应的科研领域划分为 $n$ 个子领域，它们的分类模型分别为 $\vec{t}_1, \vec{t}_2, \cdots, \vec{t}_n$。对该科研社区内的每条相关消息 $m$，首先将其按上面介绍的方法建立其特征向量 $\vec{m}$；然后一一计算 $\vec{m}$ 与 $\vec{t}_1$，$\vec{t}_2, \cdots, \vec{t}_n$ 的余弦相似度，如果 $Sim(\vec{m}, \vec{t}_s)$ 的值最高，$t_s$ 就是 $m$ 的 Topic。

在进行相关消息分类的时候，只比较社区内相关消息与社区模型所包含子领域的分类模型的相似度，而不是与所有的子领域分类模型作比较，减少了文本分析所处理的数据量。

## （四）个人模型计算

计算用户个人模型的方法主要来源于如下思想，即一个组织成员对某个 Topic 的关心程度可以由他所读、写的关于该 Topic 的相关消息的数量反映出来。也就是说，一个成员所读、写的关于某个 Topic 的相关消息越多，他对该 Topic 就越感兴趣。

成员 $U_j$ 的个人模型可以描述为 $<Topic_i，energy_{ij}>$ 的有限集合，$energy_{ij}$ 表示子领域 $Topic_i$ 在成员 $U_j$ 的个人模型中的重要程度。$energy_{ij}$ 的计算公式如下：

$$energy_{ij} = \frac{\alpha \sum_{(m \in from_j) \cap (m \in T_i)} Sim(\vec{m}, \vec{t}) + \beta \sum_{(m \in to_j) \cap (m \in T_i)} Sim(\vec{m}, \vec{t})}{\alpha \sum_{(m \in from_j)} Sim(\vec{m}, \vec{t}) + \beta \sum_{(m \in to_j)} Sim(\vec{m}, \vec{t})} \tag{5-6}$$

式中，$from_j$ 是用户 $U_j$ 发送给所有与他属于同一个科研社区的其他成员的相关消息数；$to_j$ 是用户 $U_j$ 所接收到的来该社区其他成员的相关消息数；$T_i$ 表示 Topic 为 $Topic_i$ 的相关消息的集合；$Sim(\vec{m}, \vec{t})$ 是相关消息 $m$ 与其所属 Topic 的余弦相似度；$\alpha$ 和 $\beta$ 是调节用户 $U_j$ 所发送的相关消息 $from_j$ 与用户 $U_j$ 所接收的相关消息 $to_j$ 对其个人模型的相对影响力的参数。

一个人所写的消息往往能直接反映其真实思想，而他所接收的来自其他成员的消息是否能正确地反映他的真实思想，很大程度上要依赖于给他发送消息的成员对他的兴趣的了解程度，所以认为用户发送给其他成员的消息对其个人模型的影响应该比其他成员发送给他的消息更大，这里是通过给 $\alpha$ 赋较大的值实现的。

## 四、用户模型的自适应更新

众所周知，人的兴趣是可能随着时间的推移而改变的，科研工作者的工作重点或研究兴趣也是会发生变化的。在定制好一个用户模型之后，系统可以让用户自主修改，以根据其兴趣的改变调整推荐内容，但这种方式的前提是用户会及时更新其注册信息。也可以由系统自适应地修改用户模型，这样系统就可以随用户兴趣的变化而调整为其推荐的内容。

系统要自适应地修改用户模型，必须根据用户信息分析用户当前的行为，从而调整用户模型。根据用户信息的来源，可以将用户跟踪的方法分为显式跟踪和隐式跟踪两类。显式跟踪是指系统要求用户对推荐的资源进行反馈和评价，从而达到学习的目的；隐式跟踪不要求用户提供什么信息，所有的跟踪都由系统自动完成。隐式跟踪又可分为行为跟踪和日志挖掘。

显式跟踪简单而直接，系统往往要求用户反馈自己对系统所推荐资源的喜好程度。因为很少有用户会主动向系统表达自己的喜好，一般情况下这种做法很难收到实效。比较好的选择是行为跟踪，因为用户的很多动作都能揭示用户的喜好。用户行为可以表现为查询、浏览页面和文章、标记书签、反馈信息、点击鼠标、拖动滚动条、前进、后退等。尽管像点击鼠标这样的简单动作不能有效地揭示用户的兴趣，但是浏览页面和拖动滚动条所花费的时间往往可以有效地揭示用户的兴趣。另外，用户查询、访问页面、标记书签也能有效揭示用户的喜好。

目前，基于 Web 日志的挖掘技术发展迅速，利用 Web 日志可以获得页面的点击次数、页面停留时间和页面访问顺序等信息。通过分析 Web 日志可以获得相关页面、相似用户群体和用户访问模式等信息，个性化服务系统可以利用这些信息创建或更新用户描述文件。

只有能及时反映用户兴趣变化的用户模型才可以看作是好的用户模型。如何在用户较少参与或不参与的情况下完成这个任务呢？组织内的信息流为我们提供了一个很好的办法。每条消息都有一个时间属性，它可以帮助我们跟踪用户兴趣的漂移，反映用户兴趣的动态改变。将一个时间因子 $2^{-\frac{age(m)}{hl}}$ 引入公式(5-6)，从而得到公式(5-7)，来实现用户模型的动态更新，修改后的用户个人模型的计算公式如下。

$$energy_{ij}=\frac{\alpha\sum_{(m\in from_i)\cap(m\in T_j)}2^{-\frac{age(m)}{hl}}Sim(\vec{m},\vec{t})+\beta\sum_{(m\in to_j)\cap(m\in T_j)}2^{-\frac{age(m)}{hl}}Sim(\vec{m},\vec{t})}{\alpha\sum_{(m\in from_i)}2^{-\frac{age(m)}{hl}}Sim(\vec{m},\vec{t})+\beta\sum_{(m\in to_j)}2^{-\frac{age(m)}{hl}}Sim(\vec{m},\vec{t})}$$

$$(5-7)$$

式中，$2^{-\frac{age(m)}{hl}}$ 是调节相关消息对用户个人模型影响力的时间因子，它的作用是使相关消息对用户个人模型的描述能力随着时间的推移而逐渐衰减；$age(m)$ 是消息 $m$ 的年龄，即当前时间与消息 $m$ 的发送时间的代数差，这里以天为单位。此处假设每条相关消息对用户个人模型的描述能力每半个月衰减一半，因此将半衰期 $hl$ 设为 30 天。

随着时间的推移，信息空间中保存的消息会随着时间的推移而逐渐变老 $[age(m)$ 值增长]，又会有年轻的消息（成员之间发送的新消息）被保存到信息空间中。因此，用户的个人模型就会随着时间的增长和相关消息的积累动态反映出用户兴趣的转移。

通过收集日常工作中的各种消息，建立并更新用户模型，不需要用户的任何参与，采用的是隐式跟踪用户行为，收集用户信息的方式。

本节描述了一种以信息流为基础建立 general-to-specific 的用户模型的方法，根据组织内的社区结构，寻找由有共同科研兴趣的成员构成的科研社区，建立社区模型。不再依赖于用户的注册信息、评价信息等寻找有相似兴趣的用户，克服了以往系统因缺少用户信息而无法有效识别相似用户的问题，从而更好地实现协同过滤；通过对信息流的内容挖掘建立用户的个人模型，信息流相对于用户的注册信息、评价信息甚至是 Web 日志来说，都是一种更丰富、更稳定地描述用户兴趣的数据来源，确保了用户模型的准确性。通过收集日常工作中的各种消息，建立并更新用户模型，不需要用户的任何参与。

另外，对用户兴趣漂移问题进行了考虑，根据信息流的特点，通过时间因子调节信息流对用户模型的影响力，通过对用户行为的隐式跟踪，实现了用户模型随用户兴趣的改变而自动更新的功能。

# 第五节　资源表示及文档推送

## 一、相关技术介绍

### （一）个性化服务的资源描述方法

目前，个性化服务系统所处理的资源都属于文本范畴，尽管 FireFly 的应用领域是音乐和电影，PTV 的应用领域是电视节目，但它们都是通过用户的评价信息实现的协作过滤，其实质也属于文本处理范畴。资源的描述与用户模型密切相关，一般用同样的机制来描述用户兴趣和资源。资源描述方法可以是基于内容的，也可以是基于分类的。

**1. 基于内容的方法**

基于内容的方法是从资源本身抽取表示资源的信息。网页，新闻等文本领域的资源可以很容易地拆分成词的形式，因而通常采用基于内容的表示方法。其中，向量空间模型（Vector Space Model）是使用最普遍的一种方法，这种方法从文本信息中抽取特征组成特征向量，并给每个特征赋予权值。建立文本的特征向量，首先，进行特征提取；然后，对词频向量进行降维和特征选取；最后，计算每个特征的权值。

**2. 基于分类的方法**

基于分类的方法首先对资源进行分类，然后利用资源所属类别表示资源。对文档进行分类有利于将文档推荐给对该类文档感兴趣的用户。资源的类别可以是预先定义好的，也可以利用聚类技术自动产生。目前的有许多研究表明，聚类的精度非常依赖于样本的数量，而且自动聚类产生的类型可能对于用户来说毫无意义。因此，可以先使用手工选定的类型来分类文档，在没有对应的类型或需要进一步的划分类型时，再使用聚类产生的类型。

## （二）分类模型

一些网络服务通过分类模型组织浏览结构使用户可以直接访问他们所选择的某类资源。尤其是网络主题服务，通常既使用可搜索索引（Searchable Index），又提供可浏览的分类结构（Classified Structure）。网络服务使用分类模型，具有方便用户浏览、拓宽或缩小用户搜索范围、有助于确定搜索关键词的上下文等优点。

可以通过多种方法对分类模型进行定义，通常可以将分类模型划分为以下几类。

### 1. 通用方法（Universal Schemes）

这类方法覆盖所有学科领域，在世界范围内使用，包括杜威十进分类法（Dewey Decimal Classification，DDC）、国际十进分类法（Universal Decimal Classification，UDC）和美国国会图书馆分类法简表（Library of Congress Classification，LCC）等。杜威十进分类法是广为全球各地图书馆使用的分类法。这个分类系统最早在 1873 年时 Melvil Dewey 有此分类构想，于 1876 年正式出版。DDC 已被全球超过 135 个国家的图书馆使用，并且被翻译逾 30 种语言，包括阿拉伯文、中文、法文、希腊文、希伯来文、意大利文、波斯文、俄文、西班牙文及土耳其文等。在美国，有 95％的公共图书馆及学校图书馆、25％的学院及大学图书馆、20％的专业图书馆使用DDC。此外，DDC 更能用来组织互联网上的各种资源。

### 2. 国家通用分类法（National General Schemes）

国家通用分类法覆盖多个学科领域，通常只在一个国家或一个语群中使用。其中代表性的分类方法有荷兰基本分类法（Dutch Basic Classification，BC；荷兰国际编目系统所采用的国家分类法）和瑞典图书馆分类法（Swedish Library Classification，SAB）。SAB 在公共图书馆和高校图书馆中应用非常广泛。有些国家分类法也有不同语言的版本，比如荷兰基本分类法，它原本是英文的，还有一个德文版（修改后）。英文版在 DutchESS 的网络版中采用，德文版则在德国被一些使用 Dutch Pica 图书编目系统的图书馆采用。

### 3. 单一学科分类法（Subject Specific Schemes）

这类分类方法通常只在特定的学科群体中使用（国内、国际均可）。例如艺术资料专用的 ICONCLASS 分类表、美国国家医学图书馆（National Library of Medicine，NLM）的医学分类模型和由美国工程情报公司（Engineering Information Inc.）编辑出版的工程索引（Engineering Index）。NLM 是世界上最大的医学图书馆，提供著名的 MEDLINE 文献检索；EI 是一部著名的多学科性的工程文献检索工具，1884 年创刊，至今已有 120 余年的历史。

### 4. 自创分类法（Home-grown Schemes）

这类方法一般是为特定门户而设计，来自 Internet 的一个例子是专为 Yahoo 设计的本体（Ontology）。

本方法中采用了（美国）计算机协会（Association for Computing Machinery，ACM）的 ACM 分类法。（美国）计算机协会，创立于 1947 年，是全球历史最悠久、最大的计算机教育和科研机构。ACM 于 1999 年起开始提供电子数据库服务——ACM Digital Library 全文数据库。ACM Digital Library 广泛地收录多种 ACM 电子出版物，包括了 15 年的期刊及杂志、ACM 9 年的会议记录以及超过 25 万页的全文资料。目前 ACM 提供的服务遍及全球 100 多个国家，会员人数 80000 多，涵盖工商业、学术界及政府单位，并有近 1000 个机构会员。全球计算机领域的专业人士将 ACM 的出版物和会议记录看作最具权威和前瞻的领导者。

ACM 在 1964 年发布了第一个计算领域的分类系统（Computing Classification System，CCS），1982 年发布了完整的新分类系统。1983 年，1987 年，1991 年分别以 1982 年的分类系统为基础发布了新的版本，现在使用的 1998 年的版本也是以 1982 年的版本为基础发布的。ACM 的分类系统已经成为标识、划分计算领域文献的标准。

ACM 的计算机分类系统由树型分类表和通用词汇表（General Terms List）两部分共同构成。树型分类表是一个四层的结构，其中三层是编码层，一层是未编码的主题描述符（Subject Descriptors），这一层通常出现在第四层中。ACM 的 CCS 固有的主题描述符一般是产品名，语言名称或计算机领域中的人名。

例如，H. 信息系统（Information Systems）

H. 2 数据库管理（Database Management）

H. 2.3 语言（Languages）

主题描述符：查询语言（Query Languages）

CCS 有 16 个被称为通用词汇（General Terms）的应用于所有领域的概念，例如，语言（Languages）、理论（Theory）和算法（Algorithms）等。

可以通过以下链接 http：//www. acm. org/class/1998/ccs98. html 浏览 1998 年的分类系统，其中由双星号（＊＊）标识的项（Term）是已经从 1998 年的分类系统舍弃不用的。

### （三）元数据技术

元数据存在于我们日常生活中的各个领域，它抽象化了数据对象的描述，使得各种信息可以由元数据的属性与值之间的"关系对"来表达。元数据是数据的使用者与数据之间的一个中间层，它在数据管理、信息管理中有着举足轻重的地位。"关于数据的数据"（Data about Data）是大部分有关数据管理和信息管理的论文或专著对元数据的定义。美国的 Geological Service 将其定义为"关于数据或其他信息的信息"（Information about Data or Other Information）。也有人将其定义为"关于信息的信息"（Information about Information）。"Metadata are optional structured descriptions that are publicly available to explicitly assist in locating objects"是 Bulterman 给出的元数据定义，描述了元数据的以下特点。

#### 1. 可选性（Optional）

元数据是可选的，它们只是附加给数据的一种信息，并不是必须的，否则它们也就是数据了。可选性是元数据最重要的特征，它明确了元数据与数据的区别。

#### 2. 结构化（Structured）

元数据必须具有结构化的数据定义，遵循一定的规则，便于用户利用元数据进行信息检索或查询。

#### 3. 明确性（Explicitly）

元数据的产生并不是偶然的，是通过手工的或者自动生成的方式人为得到的，并且与数据紧密地联系在一起。

### 4. 公开性（Publicly）

这一特征说明元数据必须是公开的，即为了帮助用户对信息进行搜索或定位，元数据必须对用户公开，使得用户可以使用元数据，否则元数据也就只是某个数据管理系统的"私有物"了。

### （四）资源空间模型

资源空间模型是由诸葛海于 2004 年首次提出的，是一个能够统一、规范和高效地定位和管理资源的具有语义的数据模型。该模型利用网络资源（信息、服务和知识）的分类语义信息，构建一个资源空间，将资源分布于资源空间中，通过多维资源空间的形式，对资源进行浏览、管理和操作，易于用户理解，提高了资源组织的效率，为网络资源管理提供了一种可行的理论模型。该空间包括若干正交的坐标轴，空间内的每个点代表一个或一组具有相似属性的资源。通过此坐标系，用户可以高效地定位资源，对资源进行操作。类比于关系数据库理论，资源空间遵循若干范式理论和完整性约束，保证了资源空间的合理性和可操作性。统一资源抽取、资源的正交语义划分、统一资源操作和统一资源视图是资源空间模型的主要基础。

一个资源空间是一个 $n$ 维空间，由坐标系和空间中的资源共同组成。坐标系具有 $n$ 个坐标轴，每个轴上有若干坐标，坐标具有一定的层次结构，可以表示树型结构；空间中的每个点唯一定位至一个相关资源的集合（可能为空集）。坐标轴及其坐标体现了资源的分类语义。资源分类信息决定了它在空间中的分布，具有相同分类信息的资源定位于同一个点，组成一个集合，具有相同的坐标元组。用户通过资源的分类信息，即坐标元组来定位和查找资源。

## 二、资源表示

### （一）元数据建模

元数据的最根本的目的是提高资源的发现，它也有助于访问控制、安全、个人信息、管理信息、内容评价和权限等的管理。利用元数据，可以对包括文档资源、社区资源、用户资源等实行统一的管理，提供多种服务，包括安全认证授权机制、副本管理机制、数据快速访问等。

### 1. 用户元数据

通过用户元数据描述用户信息，如用户的唯一标识号（User ID）、用户名（User Name）、用户密码（User Password）和用户角色（User Role）等，用于验证用户身份的合法性，并控制用户对文档空间中各种数据的操作权。表 5-1 描述了用户元数据的定义。

表 5-1　用户元数据的定义

| 属　　性 | 说　　明 |
| --- | --- |
| 用户标识号（User ID） | 用户唯一的 ID,与其在其组织的社会网中的 ID 一致 |
| 用户名（User Name） | 用户登陆时使用的用户名 |
| 用户密码（User Password） | 用于验证用户的身份 |
| 用户角色（User Role） | 用于确定用户对数据的操作权限 |
| 社区（Community） | 用户所属的科研社区 |
| 个人模型（Personal Profile） | 描述用户的个人兴趣 |
| 电子邮件（Email Address） | 用户组织内的电子邮件地址,为用户推送文档时使用 |

这里将用户分为三类，即匿名用户、普通用户和管理员，由用户角色（User Role）属性加以区别。

匿名用户的权限最低，他只能通过篇名、著者等查询和下载文档空间中的文档，或按树型分类模型浏览和下载文档空间中的文档，而不能上载文档、浏览组织的社区结构或组织成员的用户模型（User Profile），也无法接受系统提供的文档推送服务和协助者推荐服务。用户元数据不记录这类用户的信息。

普通用户不仅可以从文档空间中下载其所需的文档，还可以浏览组织的社区结构和描述其他用户兴趣的用户模型、修改其本人的用户模型、通过其组织内部的电子信箱定期接收到与其兴趣相符的文档、上载相关文档到文档空间以便与组织内其他成员共享、在遇到困难的时候请求系统为其推荐合适的人选来协助其顺利地完成工作。

组织内部的成员默认的都是该系统的普通用户，系统为每个人分配了一个初始的用户名和密码，用户注册后可以修改用户名和密码等相关信息。用户元数据的电子邮件属性不允许更改，从而确保每个成员只拥有一个唯一的组织内部的电子信箱，方便用户信息的收集和相关文档的推送。

系统为管理员用户赋予了最高的权限，管理员用户除了可以拥有其他用户的所有权限外，还可对文档元数据、用户元数据、社区元数据等进行必要的修改。

### 2. 社区元数据

社区元数据描述科研社区的相关信息，主要包括社区标识号、分类号和成员列表三个属性。分类号是与该社区的社区模型相对应的一个科研领域在文档分类树中的分类号，通常该领域位于文档分类树的第一层。表 5-2 给出了社区元数据的定义。

表 5-2　社区元数据的定义

| 属　性 | 说　明 |
| --- | --- |
| 社区标识号（Community ID） | 社区唯一的 ID |
| 分类号（Catalog Number） | 分类树中，第一层节点中的某个类型的分类号 |
| 成员列表（Member List） | 属于该社区的成员的 ID 的列表 |

社区元数据的建立过程是半自动的：首先，由社区发现工具找出组织中的所有科研社区，为每个社区分配一个社区标识号，并将属于该社区的成员的 ID 号填入该社区的成员列表；然后，管理员根据对社区中的某个或多个成员的科研兴趣的了解，确定该社区的社区模型（位于文档分类树的第一层的某个领域），并将该社区模型所对应领域的分类号填入社区元数据的分类号属性。

### 3. 文档元数据

文档元数据描述文档资源的基本信息，如篇名、作者等。表 5-3 给出了文档元数据的定义。

表 5-3　文档元数据的定义

| 属　性 | 说　明 |
| --- | --- |
| 文档标识号（Document ID） | 文档唯一的 ID |
| 篇名（Title） | 文档的标题 |
| 分类号（Catalog Number） | 文档分类树中，第二层节点中的某个子类型的分类号 |
| 著者（Author） | 文档的作者列表 |
| 关键词（Key Words） | 文档的关键词，可为空 |
| 发表时间（Publish Date） | 文章的发表时间 |
| 位置（Location） | 文档的具体存储位置 |
| 用户列表（User List） | 已经拥有该文章的用户的 ID 列表 |

像 DDC 和 UDC 这样的通用分类法在网上应用很广泛，但学科服务通常更倾向于使用单一学科的分类法。本方法以计算机领域的科技文档服务，采用的是 ACM 分类方法。将 ACM 的分类树的第一层和第二层构成的分类表，作为文档空间中文档资源的分类标准，并在文档元数据中用相应的分类号标识该文档。

文档元数据的建立也是半自动的，文档空间中的文档资源主要是在组织成员上载文档的过程中逐渐积累起来的。一方面，用户在上载文档的过程中，可以通过元数据建立向导，手工定义部分文档元数据属性，如填写文档篇名和著者等信息，从文档分类树中为文档指定分类号等。另一方面，系统可以从文档中自动抽取出基本的元数据描述信息：首先，使用现有工具将不同格式的文件（例如，PDF，PS，HTML，XML）转换成为文本文件，在这个过程中，剔除掉一部分无用信息；然后，利用信息挖掘技术和启发式规则从这些文本文件中抽取元数据。例如，一篇科技论义一般包括标题、作者、关键字、摘要、内谷和参考文献等几部分。其中一部分可以直接转化为元数据信息（如作者和发表日期），还有一些内容则需要进一步的处理才能转化为元数据（如内容）。现在已经有几种可以自动抽取特定领域中的元数据的软件。

文档的标识号和用户列表是由系统自动指定的，用户列表的初始值为上载该文档的用户的标识号。

## （二）元数据的更新

### 1. 用户元数据的更新

因为用户社区模型和个人模型会因各种消息的积累随着时间的增长动态改变，所以，当发生改变时，系统会及时更新用户元数据的社区属性和个人模型属性。另外，用户通过注册服务，也可以对自己的各种属性（除用户ID 和电子邮件地址的所有属性）进行修改。

### 2. 社区元数据的更新

在较长的一段时期内组织内的社区结构也可能会发生变化，当社区结构发生变化时，系统会根据当前的社区结构对社区元数据进行相应的更新。更新操作可能包括用户成员列表属性的更新，甚至是新的社区元数据的添加或原有社区元数据的删除。社区元数据的更新往往需要管理员的参与。

### 3. 文档元数据的更新

文档元数据的用户列表属性也会随系统的运行而得到更新。当用户上载某一文档时，该用户的 ID 会被自动添加到该文档的用户列表属性中，表明该用户已经拥有当前文档，不再需要系统为其推送该文档。当系统将某一文档推送给某些用户时，这些用户的 ID 也会自动添加到该文档的用户列表中。

此外，管理员也可以对文档元数据的属性进行调整和修改。

## 三、文档资源空间模型

所有用户都可以通过用户界面，浏览文档空间中的文档，也可以通过该界面查询相关文档。系统可为用户提供的浏览方式包括领域限定浏览、篇名顺序浏览、作者名称顺序浏览和发表时间顺序浏览。领域限定浏览，即用户通过文档分类树中节点的选择，浏览与该节点对应的领域内的全部文档。当用户选择了领域限定浏览之后，仍然可以指定所浏览文档的排列顺序。

用户也可以查询相关文档，为此，根据文档元数据建立了文档资源空间模型。如图 5-7 所示，目前的文档资源空间模型是一个三维空间，包括的 3 个轴分别是作者轴、分类轴和时间轴。用户可以指定其中一个或多个属性，查询相关文档。

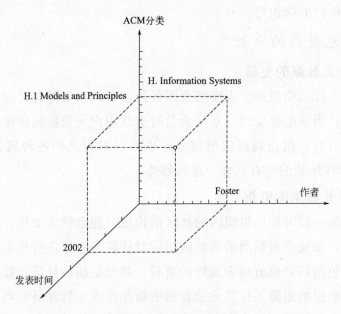

图 5-7　文档资源空间模型

图 5-7 中的点表示的是 Foster 2002 年在 H. 信息系统（Information System）领域中发表的关于模型和原理（H. 1 Models and Principles）的文档的集合。这个集合可以为空。资源空间模型用多维资源空间的形式，对资源进行浏览、管理和操作，易于用户理解，提高了资源组织的效率。

## 四、文档推送方法

系统定期检查用户元数据和文档元数据，根据用户兴趣，以电子邮件附件的形式将用户感兴趣的文档主动地发送给相关用户。这类用户包括普通用户和管理员用户。每篇文档都有一个用户列表属性，用于记录已经拥有该文档的用户。用户未出现在文档列表中，是为用户推送该文档的前提之一。文档推送的具体办法见算法5-1。

**算法5-1　文档推送算法**

第一步：根据文档的分类号，找到与其父节点对应的科研社区；

第二步：通过该社区的元数据，找到属于该社区的所有用户；

第三步：根据文档的分类号判断当前文档是否为综述性文章；

第四步：如果是综述性文章，将该文档发送给这些用户中未出现在该文档用户列表中的用户，并将他们的ID添加到文档的用户列表中。

第五步：如果是非综述性文章，查询这些用户中未出现在该文档用户列表中的用户的元数据，将文档发送给其个人模型包含该文档分类号的用户，并将该用户添加到当前文档的用户列表中。

可以根据文档在分类表中的分类号来判断该文档是否为综述性文章，如分类号为 B.0 GENERAL 的文档是关于硬件领域的综述性文档，分类号为 D.0 GENERAL 的文档是关于软件领域的综述性文档等。

# 第六节　基于社区的协助者推荐

当一个人在其工作中遇到自己无法解决的问题时，往往需要来自他人的帮助或指点，从其所属的组织中寻找一个人来帮助他是一个不错的选择。找到的这个人应该擅长需求帮助者所从事的工作，换句话说，应该是该组织中相关领域中的专家级人物。

为了向当前用户（需要帮助的组织成员）推荐合适的协助者来有效地帮助他解决遇到的困难，必须完成两个任务：第一个任务是从当前用户所属组织中找出那些可能有能力为其提供有效帮助的成员，构成协助者候选人集合；第二个任务是从这些候选人中选出那些具有较高专业技能的候选人，作为真正的协助者推荐给当前用户。

人们已经提出了很多自动寻找专家或专家知识的方法：Steeter 和 Loch-baum 通过用户的科技文档建立专家索引；Mattox 等用文本分析的方法通过挖掘用户与各种不同的文档之间的关系建立专家索引；Kautz 等认为寻找专家最好的办法是"referral chaining"。这些系统大多都将文本分析作为确定专家的基础。微软亚洲研究院的 Wang Jidong 等以网络日志为基础，通过Web 页面和 Web 用户之间的链接分析计算 Web 用户与给定查询之间的关联程度。

不同于这些纯粹以文本分析为基础的传统的方法，这里采用以信息流为基础构建社区的方法，为用户推荐合适的组织成员协助其完成任务：首先，通过扩展的 GN 算法得到的共同兴趣社区确定能帮助当前用户的协助者候选人；然后，通过协助者候选人之间的链接关系的分析对他们进行排队，从中选择能力较强的作为协助者推荐给用户。

## 一、基于社区的协助者候选人发现

如果从用户兴趣的角度考虑，能帮助用户解决其在工作中遇到的困难的协助者候选人，至少应该对当前用户所面临的问题感兴趣，因此，可以把从组织中寻找协助者候选人的任务，具体化为从组织中寻找那些与当前用户有共同兴趣的成员。

通过组织内的社区结构可以很容易地从组织中找到他们，因为一个科研社区是组织中由于共同爱好而自发组织在一起的一队成员，他们拥有一个描述其共同兴趣的社区模型。因此，当前用户所属科研社区的所有成员共同构成了那些有可能为当前用户提供有效帮助的成员的集合，即协助者候选人集合。

通过本书介绍的建立反映组织成员间关系的社会网络的方法和社区发现方法，可以很轻松地完成这个任务，本例中采用了扩展的 GN 算法，这里不再赘述。

## 二、基于链接分析的协助者候选人评价

这部分内容主要介绍如何从找出的协助者候选人中选出那些具有较高专业技能的候选人，并作为真正的协助者推荐给当前用户。所采取的方法是通过分析协助者候选人之间的关系计算表示每个候选人能力水平的能力分数

（Rank Score），根据 Score 值对候选人进行排队，将 Score 值较高的候选人作为协助者推荐给当前用户。

具体的办法是将加权的 PageRank 算法应用于协助者候选人关系图（Helper Candidate Graph）。协助者候选人关系图是由协助者候选人和他们之间的链接构成的图，用来描述协助者候选人之间的关系。

整个评价过程包括共同兴趣社区的恢复（Common Interest Community Recovery）、从无向的协助者候选人关系图到有向的协助者候选人关系图的转换（Direction Transform）、从非加权的协助者候选人关系图到加权的协助者候选人关系图的转化（Weight Assignment）和协助者候选人的排队计算（Rank Computing）四个步骤。下面首先介绍与 PageRank 相关的知识，然后以图 5-8(a) 所描述的社会网络为示例详细介绍这四个步骤。该图中填充的节点表示当前用户，即请求帮助的组织成员。

## （一）PageRank 和加权的 PageRank

PageRank 是斯坦福大学的研究人员开发的著名搜索引擎 Google 的页面质量评价算法。Google 的研究人员观察到用户以不同的概率访问 Web 图（有向图）中不同的节点，因此他们为用户在 Web 上的浏览行为建立了如下模型：

$$PR(u) = d \sum_{v \in B(u)} \frac{PR(v)}{N_v} + (1-d) \tag{5-8}$$

式中，$u$ 和 $v$ 分别表示网页 $u$ 和网页 $v$；$B(u)$ 是通过超级链接指向网页 $u$ 的一组页面；$N_v$ 表示从页面 $v$ 指向其他页面的超级链接的数目；$PR(u)$ 和 $PR(v)$ 分别是用户访问页面 $u$ 和页面 $v$ 的概率；$d$ 称为影响因子（Damping Factor），用于控制随机跳跃的程度，即用户以概率 $d$ 沿着超链点击访问页面，或者以概率 $1-d$ 从一个新的页面开始访问。$d$ 的通常取值为 $0.85$。

页面 $u$ 被访问到的概率为 $PR(u)$，斯坦福大学的研究人员认为概率 $PR(u)$ 反映了节点 $u$ 的重要程度，并将其用作页面质量的评价参数，称作 PageRank 值。PageRank 在初始的时候，假设整个 Web 图中所有页面服从均匀分配，Page 在 1999 年的一份技术报告中证明了页面的初始概率的指定不会影响最后的计算结果，但会影响迭代运算的迭代次数。

PageRank 值的计算采用算法 5-2 提供的方法：

### 算法 5-2　PageRank 算法

第一步：给各页面赋予相同的初值 $PR(u)$；

第二步：根据公式(5-8)计算各页面的新 PageRank 值；

第三步：将计算结果归一化，即按比例将所有结果进行缩小，使得所有页面的 PageRank 之和为 1（可以将 PageRank 看作各页面被访问到的概率）；

第四步：重复第二步和第二步，直到结果收敛。

PageRank 算法已经广泛地应用于查询（Searching）、浏览（Browsing）和交通评估（Traffic Estimation）等方面。也有人将 PageRank 等链接分析的算法用于专家识别和排队中。

从公式(5-8)可以看出，原始的 PageRank 算法（Original PageRank Algorithm）将一个页面的 Score 值平均地分配给其后继页面，忽略了超级链接之间的区别。加权的 PageRank 算法为更重要的页面分配较高的 Score，因为一个页面越重要，连接到该页面的页面就越多。由于协助者候选人之间关联的紧密程度往往不同，通过加权的 PageRank 算法来计算反映每个协助者候选人能力水平的 Score。其主要思想是，与当前候选人关联越紧密的后继（Successor）候选人从当前候选人那里得到的 Score 越多，具体如下：

$$CR(u) = d \sum_{v \in B(u)} W_{v \to u} \times CR(v) + (1 - d) \tag{5-9}$$

式中，$u$ 和 $v$ 分别表示协助者候选人 $u$ 和 $v$；为了区别于网页的 Score，$CR(u)$ 表示协助者候选人 $u$ 的 Score；$W_{v \to u}$ 是由候选人 $v$ 指向候选人的 $u$ 的边的权重。

### （二）共同兴趣社区的恢复

为了找出组织中由成员因为其共同兴趣而自发形成的共同兴趣（科研）社区，采用第四章介绍的扩展 GN 算法，反复地计算每条边的 Betweenness 值，并从中删除 Betweenness 值较高的边。图 5-8(b) 显示了通过该方法从图 5-8(a) 描述的社会网络中找到的科研社区结构。从图 5-8(b) 可以看出，在社区发现的过程中，不光社区之间的边被删除了，还有部分社区内的边也被删掉了。因为这里的方法是以当前用户的协助者候选人关系图为基础的，社区内部边的删除很可能会影响最终的评价结果。因此，评价过程的第一步便是共同兴趣社区的恢复，即对每个共同兴趣社区，将社区内由社区发现过程删除的每条边添加回该社区。恢复后的每个共同兴趣社区就是属于该社区的所有组织成员的协助者候选人关系图。图 5-8(b) 经过共同兴趣社区的恢复，得到了图 5-8(c) 所示的结果。

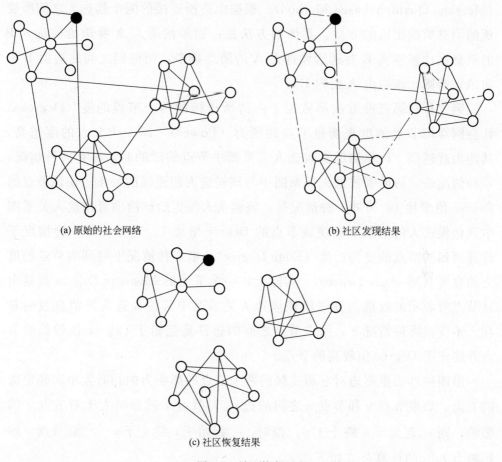

(a) 原始的社会网络

(b) 社区发现结果

(c) 社区恢复结果

图 5-8 社区恢复过程

## （三）从无向候选人关系图到有向候选人关系图

PageRank 算法是应用于由网页构成的 Web 图来计算每个页面的 Rank Score 的，一个 Web 图是一个由页面和他们之间的超级链接构成的巨大的有向图，并且指向一个页面的超级链接越多，该页面的 Score 的值越高。通过本章第三节介绍的方法所建立的社会网络是一个无向图，因此上一步中得到的协助者候选人关系图也是无向图。为了应用 PageRank 算法或加权的 PageRank算法对协助者候选人进行排队，必须为协助者候选人关系图中的每条边指定一个方向。这一步的任务就是根据信息流的特点为协助者候选人关系图中的每条边指定一个方向，从而将无向的协助者候选人关系图转化为有向的协助者候选人关系图。可使用的方法包括下面介绍的4种。

第一种为候选人之间的边指定方向的方法是基于消息数的定向方法（Message Quantity-based Method）。根据由边所连接的两个候选人之间所交流的消息数确定边的方向。具体的方法是：如果候选人 A 发送给候选人 B 的消息数比候选人 B 发送给候选人 A 的消息数多，则他们之间的边由 B 指向 A；否则，该边由 A 指向 B。

第二种和第三种方法都依据于由边所连接的两个节点的度（Degree）。社会网常用节点的度来衡量节点的能力（Power），即一个节点的度越高，其能力就越强。计算协助者候选人关系图中节点的度的时，存在两种情况：一种情况是，协助者候选人关系图中与该候选人相连接的每条边使该节点的 Degree 值增加 1；另外一种情况是，该候选人发送给该协助者候选人关系图中其他候选人的每条消息使该节点的 Degree 增加 1。这里称第一种情况下计算得到的节点的度为边度（Edge Degree），第二种情况下得到的节点的度为消息度（Message Degree）。实际上，一个节点的 Message Degree 就是由该节点所表示的候选人发送给该候选人关系图中其他候选人的消息数的总和。不管在哪种情况下，两个节点之间的边都是起始于 Degree 值较低的节点并终止于 Degree 值较高的节点。

第四种办法根据边对它所连接的两个节点的影响力的相对大小来确定边的方向。如果节点 $u$ 和节点 $v$ 之间的边 $e_{vu}$ 对节点 $u$ 的影响大于对节点 $v$ 的影响，则 $e_{vu}$ 起始于 $u$ 终止于 $v$；否则，$e_{vu}$ 起始于 $v$ 终止于 $u$。$e_{vu}$ 对节点 $v$ 的影响力 $I_{vu-v}$ 的计算公式如下：

$$I_{vu-v} = \frac{Num_{v \to u}}{Num_{v \to all}} \tag{5-10}$$

式中，$Num_{v \to u}$ 是候选人 $v$ 发送给候选人 $u$ 的消息数；$Num_{v \to all}$ 是候选人 $v$ 发送给全体人员的消息数。

图 5-9(a) 是从图 5-8(a) 中通过共同兴趣社区的发现为当前请求帮助的用户 C 得到的无向的协助者候选人关系图。从图中可以发现，请求帮助的组织成员 C 本身也是其协助者候选人关系图的一部分。图 5-9(b) 是为每条边指定一个

方向之后得到的图 5-9(a) 的有向图的表示。如果不考虑候选人之间关联的紧密程度，现在就可以通过原始的 PageRank 计算每个候选人的 Score 值了。

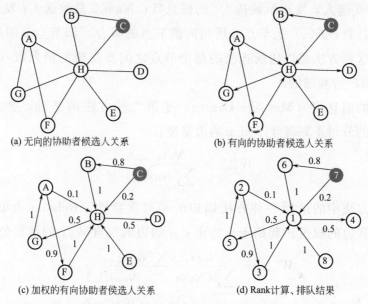

(a) 无向的协助者候选人关系　　　　(b) 有向的协助者候选人关系

(c) 加权的有向协助者候选人关系　　(d) Rank计算、排队结果

图 5-9　协助者候选人关系图的定向、加权和 Rank 计算

## （四）从无权重候选人关系图到有权重候选人关系图

原始的 PageRank 算法将每个候选人的 Rank Score 平均地分配给他在当前协助者候选人图中的后继节点，而没有考虑协助者候选人之间关联的紧密程度。加权社会网络中，边的长度被用来表示由该边所连接的两个节点之间关系的紧密程度，因此，有理由相信协助者候选人之间关联的紧密程度会影响候选人的 Rank Score 在其后继节点中的分布情况。为了使候选人的 Rank Score 分配的更合理，应该为每条边指定一个权值来指导候选人的 Rank Score 的分布。

下面以边的起始节点（Original Vertex）为出发点，介绍两类为协助者候选人关系图计算边的权重的方法。第一类方法考虑的对象是边的起始节点的后继节点（Successors），第二类方法考虑的对象是边的目标节点（Destination Vertex）的后继节点和起始节点的前驱节点（Predecessors）。

第一类方法中的第一个方法将边的权重定义为：

$$W_{v \to u} = \frac{Num_{v \to u} + Num_{u \to v}}{\sum\limits_{t \in F(v)} (Num_{v \to t} + Num_{t \to v})} \tag{5-11}$$

式中，$W_{v \to u}$是由节点$v$指向节点$u$的边的权重；$Num_{v \to u}$是候选人$v$发送给候选人$u$的消息数；$Num_{u \to v}$是候选人$u$发送给候选人$v$的消息数；$Num_{v \to t}$是候选人$v$发送给候选人$t$的消息数；$Num_{t \to v}$是候选人$t$发送给候选人$v$的消息数；$F(v)$是节点$v$所指向的节点的集合，即节点$v$的后继节点的集合。这种方法是以边所连接的两个节点之间所交流的消息数（Message Exchanged）为基础的。

节点的消息度（Message Degree）是第二种方法的基础，公式(5-12)右边部分的分母正好等于节点$v$的消息度：

$$W_{v \to u} = \frac{Num_{v \to u}}{\sum\limits_{t \in F(v)} Num_{v \to t}} \tag{5-12}$$

这类方法中的最后一种方法以边的相对重要性（Relative Importance）为基础计算边的权重。起始于$v$终止于$u$的边的权重$W_{v \to u}$的计算公式为：

$$W_{v \to u} = \frac{Num_{v \to u} \times Num_{u \to v}}{\sum\limits_{t \in F(v)} (Num_{v \to t} \times Num_{t \to v})} \tag{5-13}$$

第二类计算边的权重的方法也包括三种具体的方法。第一种方法根据边的起始节点的前驱节点的出边（Out-links）和边的目标节点的出边计算边的权值。该方法先由公式(5-14)计算每条边的出边比（Out-link Proportion），其中$Out_{v \to u}$是由$v$指向$u$的边的出边比，$B(v)$是$v$的前驱节点的集合：

$$Out_{v \to u} = \frac{\sum\limits_{w \in F(u)} Num_{u \to w}}{\sum\limits_{p \in B(v)} \sum\limits_{q \in F(p)} Num_{p \to q}} \tag{5-14}$$

然后，根据公式(5-15)计算每条边的权值：

$$W_{v \to u} = \frac{Out_{v \to u}}{\sum\limits_{t \in F(v)} Out_{v \to t}} \tag{5-15}$$

这类方法中的第二种方法是以边的目标节点的入边（In-links）和起始节点的前驱节点的入边为基础计算边的权重的。相似地，它先由公式(5-16)计算边的入边比（In-link Proportion），$In_{v \to u}$是由$v$指向$u$的边的入边比：

$$In_{v \to u} = \frac{\sum\limits_{w \in B(u)} Num_{w \to u}}{\sum\limits_{p \in B(v)} \sum\limits_{q \in B(p)} Num_{q \to p}} \tag{5-16}$$

然后，根据公式(5-17)计算边的权重：

$$W_{v \to u} = \frac{In_{v \to u}}{\sum\limits_{t \in F(v)} In_{v \to t}} \qquad (5\text{-}17)$$

接下来的方法是通过出边和入边的结合（Out-links and In-links）来计算边的权重，具体的计算公式为：

$$W_{v \to u} = \frac{Out_{v \to u} \times In_{v \to u}}{\sum\limits_{t \in F(v)} (Out_{v \to t} \times In_{v \to t})} \qquad (5\text{-}18)$$

第二类方法的设计思路来源于 Xing 和 Ghorbani 的加权 PageRank 算法，在其中加入了信息流的特点，并对所有起始于相同节点的边的权值进行了归一化（Normalization）。

将公式(5-9) 中的 $W_{v \to u}$ 替换为公式(5-8) 中的 $1/N_v$，得到的就是原始的 PageRank 算法。为了便于与原始的 PageRank 进行比较，将 $W_{v \to u} = 1/N_v$ 的方法称为非加权的方法。这里给出了包括非加权方法在内的 7 种计算边的权重的方法。如图 5-9(c) 所示，经过加权算法之后每条边都有一个权值，该权值决定了该边的起始节点应该按照什么比例分配它的 Rank Score 到它的后继节点中。

## 三、收敛性和 Rank 计算

这里将加权的 PageRank 算法和原始的 PageRank 算法一样看作一个马尔可夫链（Markov Chain），它的转移矩阵 $M'$ 是：

$$M' = d \times M + (1-d) \times E \qquad (5\text{-}19)$$

式中，$M$ 是一个方阵，其分量 $m_{vu}$ 为 $W_{v \to u}$，$N$ 是当前的协助者候选人图所包含的节点数；$E = [1/N]_{N \times N}$。

前面所给出的 7 种计算边的权重 $W_{v \to u}$ 的方法，确保了对于所有的 $v$ 都有 $\sum\limits_{u=1}^{N} m_{vu} = 1$，因此，$M$ 是一个随机矩阵。$M'$ 是随机矩阵 $M$ 和随机微扰矩阵（Stochastic Perturbation Matrix）$E$ 的结合，因此，$M'$ 既是随机矩阵又是素矩阵（Primitive Matrix），从而可以证明所采用的加权 PageRank 算法是收敛的。

协助者候选人评价方法的最后一步是，根据候选人的能力确定每个候选人的推荐顺序；通过前面得到的协助者候选人图上的加权 PageRank 算法实现，计算开始时为每个候选人指定一个相等的初始 Score 值，因为初始的

Rank Score 值不会影响到最终的 Rank Score 值。

表 5-4 是图 5-9(c) 中的协助者候选人图在经过初始化和 Rank 计算之后，得到的每个候选人最终的 Rank Score 的具体值及推荐顺序。图 5-9(d) 用节点的推荐顺序代替了图 5-9(c) 中的节点标号，并为节点赋予了相等的初始 Rank Score 值。

**表 5-4  Rank 计算结果**

| 候选人 | Score 值 | 推荐顺序 | 候选人 | Score 值 | 推荐顺序 |
|---|---|---|---|---|---|
| A | 0.159158 | 2 | E | 0.034351 | 8 |
| B | 0.057709 | 6 | F | 0.156107 | 3 |
| C | 0.034351 | 7 | G | 0.146832 | 5 |
| D | 0.146832 | 4 | H | 0.264661 | 1 |

## 四、分析和评价

为了评价前面的协助者候选人排队方法，将雅虎的 Dom 和 IBM 的 Eiron 等在进行专家排序时使用的基于召回率（Recall-based）的分析方法应用于一个由 25 个成员构成的一个协助者候选人关系图上进行了相关实验。Top $n$ 的召回率（Recall on Top $n$）定义为真实的（Ground-truth）排队序列 $\rho$ 中，前 $n$ 位的候选人出现在由前面方法得到的排队序列 $\gamma$ 的前 $n$ 位候选人中的比。

为了得到相对客观的真实的排队序列 $\rho$，协助者候选人关系图中的每个组织成员按照能力由高到低的顺序对候选人关系图中的各候选人进行排队，从而得到了 25 个候选人排队序列。对于每个候选人，将他在各个排队序列中的排队位置的和作为该候选人最终的序列数，然后，根据序列数由低到高的顺序对候选人进行排队，最后得到的候选人的排队序列，就是评价方法时使用的 $\rho$。

事实上，加权的 PageRank 算法是一个由其转移矩阵决定的马尔可夫过程，一个协助者候选人关系图的边的方向和权值共同决定了它的转移矩阵。也就是说，协助者候选人关系图的定向方法和加权算法共同决定着最终的候选人排队结果。

前面一共给出了 4 种协助者候选人关系图的定向方法和 7 种协助者候选人关系图的加权方法，它们的结合产生了 28 种具体决定协助者候选人关系图的特征模式（Feature Pattern）。图 5-10 是在实验中所采用的协助者候选人关系图，其方向由消息数（Message Quantity-based）确定，并由出边（Out-links）计算权重。

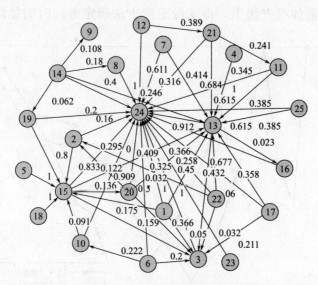

图 5-10　由消息数定向、消息度加权的协助者候选人关系图

首先，比较协助者候选人关系图的不同定向方法。图 5-11 至图 5-17 的各图分别比较了协助者候选人关系图的 4 种定向方法对协助者候选人排队结果的影响。每个图的横坐标都是 Top Size，纵坐标是召回率。这里的 Top Size 的取值范围是 1 到 25。每个图包括 4 条召回曲线，分别表示协助者候选

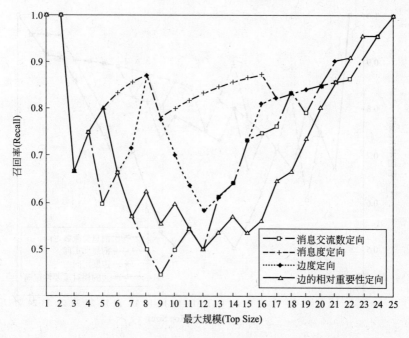

图 5-11　非加权候选人关系图的排队结果

人关系图在当前加权方法下，由 4 种定向方法确定方向时的排队结果。

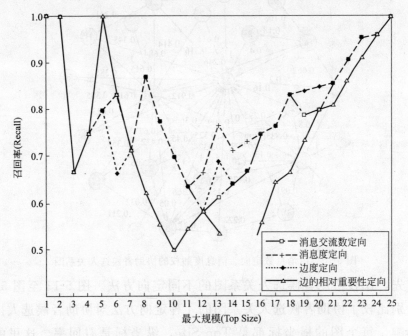

图 5-12　由消息交流数量加权的候选人关系图的排队结果

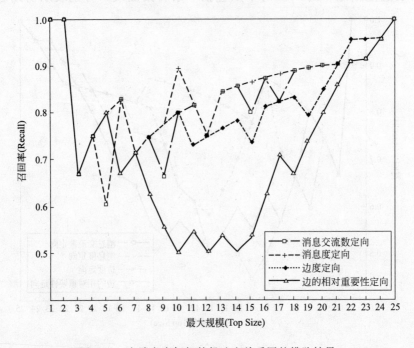

图 5-13　由消息度加权的候选人关系图的排队结果

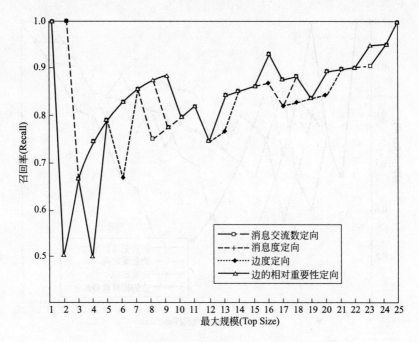

图 5-14　由相对重要性加权的候选人关系图的排队结果

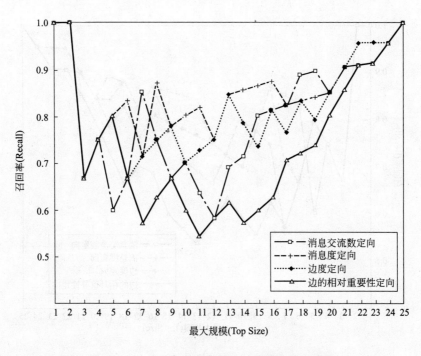

图 5-15　由出边加权的候选人关系图的排队结果

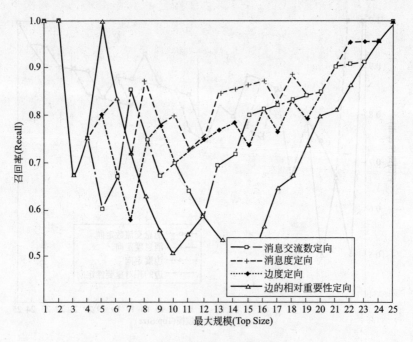

图 5-16　由入边加权的候选人关系图的排队结果

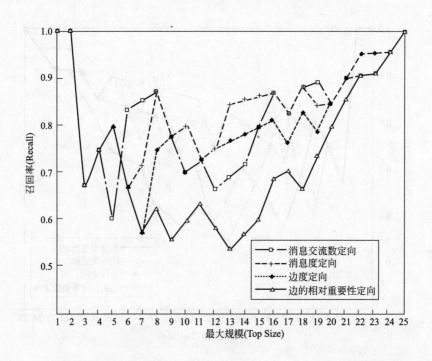

图 5-17　由出边和入边共同加权的候选人关系图的排队结果

通过比较可以发现，在大多数协助者候选人关系图的加权算法下，由节点的消息度定向的协助者候选人关系图的排队结果召回率最高，而由边的相对重要性定向的协助者候选人关系图的表现却总是最差。为了通过一个图，全局、统一地比较这 4 种定向方法，给出平均召回率（Average Recall）的定义，在某一特征模式下的平均召回率 $\bar{r}$ 的定义为：

$$\bar{r} = \sum_{n=1}^{n_{\max}} 2^{-\frac{n-1}{hl}} \times r_n \Big/ \sum_{n=1}^{n_{\max}} 2^{-\frac{n-1}{hl}} \tag{5-20}$$

这里的 $n$ 是 Top Size，$r_n$ 是在当前特征模式下 Top Size 等于 $n$ 时的召回率，这个定义综合了 Top Size 从 1 取值到 $n_{\max}$ 时的召回率得到平均召回率 $\bar{r}$。通过平均召回率 $\bar{r}$ 从全局评价当前特征模式的表现。通过前面对召回率的相关定义，知道 $n$ 较小时的召回率比 $n$ 较大时的召回率更重要。因此，计算平均召回率时由参数 $2^{-\frac{n-1}{hl}}$ 根据 $n$ 的取值调节召回率对平均召回率的影响，使召回率的影响力随着 $n$ 的增大而减少。这里有 $hl = \lceil n_{\max}/2 \rceil$，$n_{\max} = 25$ 是 $n$ 的最大取值。

首先，分别计算了协助者候选人关系图在各特征模式下的平均召回率。然后，用全部 28 个平均召回率构成了图 5-18。

图 5-18 的纵坐标是平均召回率，横坐标是协助者候选人关系图的加权

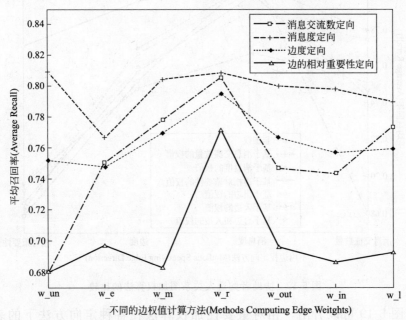

图 5-18　协助者候选人关系图定向方法的比较

算法。横坐标上的 7 个点，"w_un"，"w_e"，"w_m"，"w_r"，"w_out"，"w_in" 和 "w_l" 分别表示非加权算法，"Message Exchanged" 加权算法，"Message Degree" 加权算法，"Relative Importance" 加权算法，"Out-links" 加权算法，"In-links" 加权算法和 "Out-links and In-links" 加权算法。图中的 28 个点，分别是协助者候选人关系图在 28 种特征模式下的平均召回率。将同一定向方法下得到的 7 个平均召回率连接起来构成该定向方法的平均召回率曲线。从图 5-18 可以更加清楚地看出由 "Message Degree" 定向的协助者候选人关系图表现最好，由 "Relative Importance" 定向的协助者候选人关系图表现最差。这些结论与从图 5-11 至图 5-17 中得到的结论是一致的。

图 5-19 给出了协助者候选人关系图的各种加权算法之间的比较。图 5-19 的横坐标是协助者候选人关系图的定向方法，上面的 4 个点分别代表了 4 种具体的协助者候选人关系图的定向方法，纵坐标也是平均召回率。

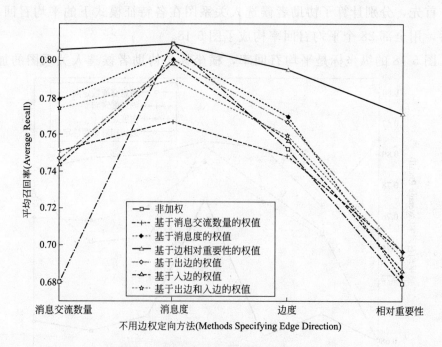

图 5-19 协助者候选人关系图加权算法的比较

从图 5-19 可以看出，相对重要性加权算法在各种定向方法下的表现都是最好的。但是，与当初所预料不同的是，与原始 PageRank 相对应的非加权算法（Unweighted）并不是总是表现最差：尽管未加权的协助者候选人关系图在多数定向方法下的表现几乎是最差的，但当它是由消息度定向的时候给出的排队结果还是相当不错的。

从图 5-19 还发现，既考虑边的目标节点的后继节点又考虑边的起始节点的前驱节点的加权方法（第二类加权算法）并不会比只考虑边的起始节点的后继节点的加权方法（第一类加权算法）带来更高的平均召回率。

图 5-20 至图 5-23 分别是图 5-19 中横坐标相同的四个点的详细描述，它们当中的每条召回曲线对应于图 5-19 中的一个点。从中可以看出，在协助者候选人关系图分别由"Message Quantity"、"Edge Degree"和"Relative Importance"定向时，基于边的相对重要性的协助者候选人关系图加权算法都明显优于其他包括非加权算法在内的六种加权算法。如图 5-21 所示，当选择基于消息度的协助者候选人关系图的定向方法时，各种加权算法对最终的排队结果的影响并不明显。

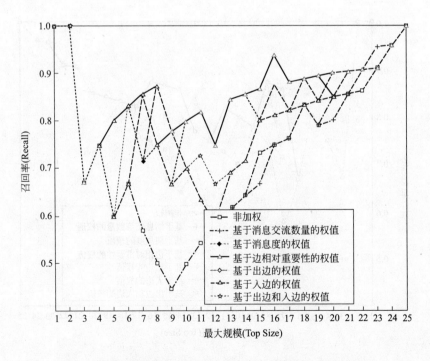

图 5-20　由消息交流数量定向的候选人关系图的排队结果

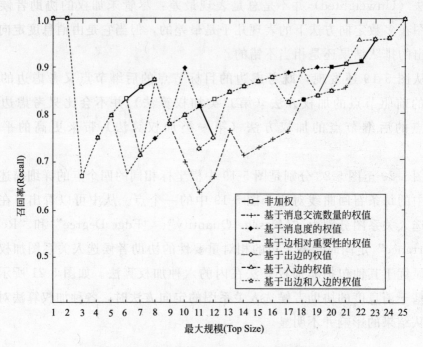

图 5-21　由消息度定向的候选人关系图的排队结果

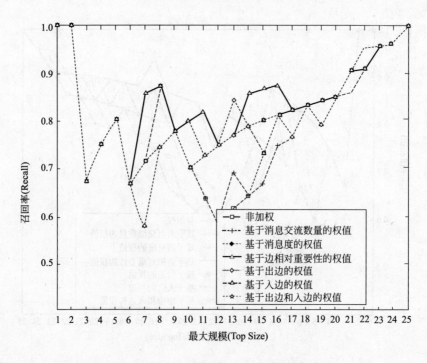

图 5-22　由边度定向的候选人关系图的排队结果

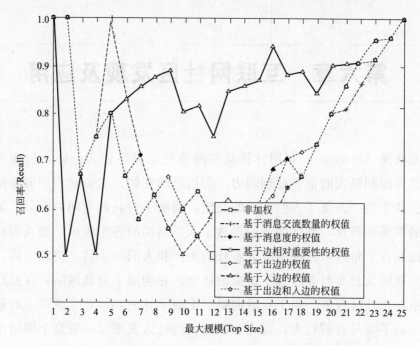

图 5-23  由边的相对重要性定向的候选人关系图的排队结果

# 第六章 互联网社区发现及应用

互联网（Internet）利用计算机和网络把全世界连为一体，包含了海量的信息资源和强大的信息处理能力，为信息的存储、交流和应用服务提供了一个公共平台，方便了人们之间的交流，消除了时间和空间的阻隔。随着互联网的发展和普及，互联网开始渗透于人类活动的各个领域，触及到社会各个层面和各个角落，并深刻改变着社会生产和人们的生活、交往方式。

互联网及其参与者形成了虚拟的社会，并构成了复杂网络，在互联网上普遍地存在社区现象。由于互联网是一个数字化的环境，互联网上的数据完整地记录了参与者的行为，因此互联网上的社区发现比一般复杂网络中的社区发现具有更丰富的数据基础，也更加符合"共同体"的特征。互联网上社区发现的应用范围更加广泛，应用的效果也更加显著。

本章介绍了互联网上的社区现象、网络构建和社区发现方法，并以电子商务和网络文化安全为实例阐述了社区发现技术在互联网环境中的应用。

## 第一节 互联网社区发现

### 一、互联网的来源和发展

互联网最早起源于美国国防部高级研究计划署 DARPA（Defense Advanced Research Projects Agency）的前身 ARPAnet。ARPAnet 网络 1969年投入使用，并于 1972 年首次与公众见面。ARPAnet 网络是由 ARPA 提供经费，联合计算机公司和大学共同研制而发展起来的。最初，ARPAnet 主要是用于军事研究目的，其指导思想是：网络必须经受得住故障的考验并维持正常的工作，一旦发生战争，当网络的某一部分因遭受攻击而失去工作能力时，网络的其他部分应能维持正常的通信工作。ARPAnet 在技术上的另一个重大贡献是 TCP/IP 协议簇的开发和利用。作为 Internet 的早期骨干网，ARPAnet 试验并奠定了 Internet 存在和发展的基础，较好地解决了异种机网络互联的一系列理论和技术问题。

1983 年，ARPAnet 分裂为两部分，ARPAnet 和纯军事用的 MILNET。同时，局域网和广域网的产生和蓬勃发展，对 Internet 的进一步发展起了重要的作用。其中最引人注目的是美国国家科学基金会（National Science Foundation，NSF）建立的 NSFnet。NSF 在全美国建立了按地区划分的计算机广域网，并将这些地区网络和超级计算机中心互联起来。NSFnet 于 1990 年 6 月彻底取代了 ARPAnet 而成为 Internet 的主干网。NSFnet 对 Internet 的最大贡献是使 Internet 向全社会开放，而不像以前那样仅供计算机研究人员和政府机构使用。

1990 年 9 月，由 Merit、IBM 和 MCI 公司联合建立了一个非盈利的组织——先进网络和服务公司 ANS（Advanced Network & Services Inc.）。ANS 的目的是建立一个全美范围的 T3 级主干网，它能以 45Mbps 的速率传送数据。到 1991 年底，NSFnet 的全部主干网都与 ANS 提供的 T3 级主干网相联通。1991 年 6 月，在连通 Internet 的计算机中，商业用户首次超过了学术界用户，这是 Internet 发展史上的一个里程碑，从此 Internet 发展速度一发不可收拾。

Internet 的第二次飞跃归功于 Internet 的商业化，商业机构一踏入 Internet 这一陌生世界，很快发现了它在通信、资料检索、客户服务等方面的巨大潜力。于是，世界各地的无数企业纷纷涌入 Internet，带来了 Internet 发展史上的一个新的飞跃。

## 二、中国互联网的发展

互联网在中国的发展历程，可以大略地划分为三个阶段：

第一阶段为 1987 年至 1993 年，是研究试验阶段。在此期间，中国一些科研部门和高等院校开始研究 Internet 技术，并开展了科研课题和科技合作工作，但这个阶段的网络应用仅限于小范围内的电子邮件服务。

第二阶段为 1994 年至 1996 年，是起步阶段。1994 年 4 月，中关村地区教育与科研示范网络工程进入 Internet，从此中国被国际上正式承认为有 Internet 的国家。之后，Chinanet、CERnet、CSTnet、Chinagbnet 等多个 Internet 络项目在全国范围相继启动，Internet 开始进入公众生活，并在中国得到了迅速的发展。至 1996 年底，中国 Internet 用户数已达 20 万，利用 Internet 开展的业务与应用逐步增多。

第三阶段从 1997 年至今，是 Internet 在我国发展最为快速的阶段。国内 Internet 用户数 1997 年以后基本保持每半年翻一番的增长速度。中国互联网数据中心（DCCI）调查数据统计显示：2007 年中国互联网用户规模达 18200 万人，并预计 2008 年底将达 24400 万人。随着经济和技术的发展，目前国内的互联网发展已经与国际同步。

## 三、互联网的新技术

互联网的发展是由新技术推动的，新技术又反过来推动互联网的普及和发展。目前的新技术主要集中在以下几个方向：个性服务、资源下载、电子商务和个人娱乐。

### （一）个性服务（Web 2.0）

Web 2.0 是最近几年兴起的概念，以区别于传统的门户网站、BBS 等技术（称为 Web1.0）。Web 1.0 的主要特点在于用户通过浏览器获取信息，Web2.0 则更注重用户的交互作用，其根本宗旨是网民不仅仅是网络资源的浏览者，更是网络资源的制造者。Web2.0 技术包括很多具体的形式，下面介绍最典型的博客。

"博客"一词是从英文单词 Blog 翻译而来的。Blog 是 Weblog 的简称，而 Weblog 由 Web 和 Log 两个英文单词组合而成。Weblog 就是在网络上发布和阅读的流水记录，通常称为"网络日志"，简称为"网志"。

Blog 是一个网页，通常由简短且经常更新的帖子构成，这些帖子一般按时间倒序排列。Blog 的内容可以是发帖者纯粹个人的想法和心得，包括对时事新闻、国家大事的个人看法，或者对一日三餐、服饰打扮的精心设计等，也可以是在基于某一主题的情况下或是在某一共同领域内由一群人集体创作的内容。它并不等同于"网络日记"。网络日记是带有很明显的隐私性质的，而 Blog 是隐私性和公共性的有效结合，它绝不仅仅是纯粹个人思想的表达和日常琐事的记录，它所提供的内容可以用来进行交流和为他人提供帮助，是可以包容整个互联网的，具有极高的共享精神和价值。

简言之，Blog 就是以网络作为载体，简易迅速便捷地发布自己的心得，及时有效轻松地与他人进行交流，集丰富多彩的个性化展示于一体的综合性平台。多个 Blog 之间通过超级链接发生引用关系，可形成以 Blog 为节点，以链接指向为边的网络。

### （二）P2P 资源下载

随着互联网上视频、软件等大容量文件下载需求的增长，传统的HTTP和 FTP 等依赖服务器的下载方式已经不能满足用户的需求，P2P 的下载方式应运而生。

P2P 是 peer-to-peer 的缩写，或称为对等联网，peer 在英语里有"（地位、能力等）同等者"、"同事、伙伴"等意义。P2P 在加强网络用户的交流、文件交换、分布计算等方面具有很多有价值的应用，其中最主要的应用是文件下载。其主要优点是下载的速度快，其下载原理是一个用户在下载所需文件的同时，其电脑还要作为主机上传文件。采用这种下载方式，下载文件的人越多，速度就越快。目前比较流行的 P2P 下载软件，包括 BitTorrent和 eDonkey(或 eMule)，还有 PPLive 等基于 P2P 的在线视频播放软件。

简单地说，P2P 直接将人们联系起来，让人们通过互联网直接交互。P2P 使得网络上的沟通变得容易，更直接共享和交互，真正地消除了对服务提供商的依赖。P2P 就是网络用户，可以直接连接到其他用户的计算机、交换文件，而不是像过去那样连接到服务器去浏览与下载。以用户为节点，以共同下载同一个文件为关系，可以构建 P2P 软件中的网络。

### （三）电子商务

电子商务中是利用互联网进行交易的商务活动，其规模越来越大，并且有继续增长的趋势，已经成为世界贸易中的重要组成部分。电子商务中的核心问题是交易安全性。目前针对安全性已经产生了相当多的新技术，如加密软件、间接支付、硬件加密等。电子商务中的用户和商品，以及它们之间的关系，能够构成复杂网络，具体见本章第二节。

### （四）个人娱乐

互联网的广泛参与，离不开个人娱乐功能的推动。网络游戏、即时聊天等是典型的互联网个人娱乐活动。互联网娱乐的新技术主要集中在友好界面和强大功能上。目前上百万人同时在线的网络游戏和即时聊天软件已经比较常见，如此多的玩家和游戏环境已经构成了一个非常接近现实的虚拟社会，利用其中存在的关联，很容易构建出虚拟社会网络。

### 四、互联网的社区发现

互联网上具有成千上万的用户（网民）和更多数量的资源（网页、文件等），这些用户之间、资源之间、用户和资源之间存在广泛的联系，利用这些联系构建网络是切实可行的。同时，因为互联网上的社区现象也是非常普遍的，可以构建互联网中的关联网络并在其上进行社区发现，通过社区结构来帮助人们更好地把握相关网络的全貌，帮助互联网用户更快、更准地找到所需资源，帮助企业提高服务质量，寻找潜在客户。

通常在互联网上构建用户社区时，采用一般的社区发现方法；而构建资源社区时，常采用第四章第四节介绍的 Web 社区发现方法。互联网社区发现的应用领域很广泛，本章的第二、三节分别介绍了其在电子商务和网络文化方面的典型应用。

# 第二节　基于社区的电子商务

电子商务已经成为世界贸易的重要组成部分，基于互联网的商务既可以节省经销商的成本，又可以及时满足用户的需求，是现代经济的重要增长点之一。本节阐述了利用社区发现技术进行深层次电子商务的理念和基本方法。

## 一、电子商务的蓬勃发展

电子商务是指利用互联网进行的商务活动，一般分为 B2B、B2C 和 C2C 三种。B2B 是指商家对商家的交易活动，一般为大宗商品交易；B2C 是指由商家通过互联网向消费者销售商品，最典型的是购物网站；C2C 是指个人消费者对个人消费者的交易，一般为少量商品的交易。

电子商务已经成为现代经济的重要组成部分，根据中国互联网络信息中心 2008 年 6 月发布的《2008 年中国网络购物调查研究报告》，全国 2007 年网络购物人数达 4641 万。在调查的 4 个直辖市和 15 个副省级城市中，总体网络购物渗透率为 27.9%。仅 2008 年上半年，网络购物金额就达 162 亿元，人均购物消费金额最高的为上海，达到了 1107 元。电子商务如此庞大的市场规模和高速的发展趋势，已经引起了人们的广泛关注。

在人们进行电子商务的过程中，互联网是获得相关信息的第一渠道，并且对口口相传的信息接受程度较高。从购物习惯来看，大多数网民在购物前会查看相关商品的评论信息，以便进行判断和选择。上述的这些特点，说明在进行电子商务活动时，网民需要熟悉欲购买商品用户的帮助，且深受其影响。利用社区发现技术为电子商务过程中的用户和商品建立这种关联，是非常适用的。

## 二、电子商务社区发现

利用网络用户在互联网上的历史行为，例如其购买过的商品、购买的频率、浏览过的商品、评价过的商品等信息，可以构建电子商务网络。利用第三章和第四章介绍的社区发现方法，可以发现和构建电子商务社区。

电子商务网络的构建及其隐含的社区包括如下三种。

（1）以用户为节点，以购买、浏览过同一种商品作为节点间的关系（边），构成用户网络。用户网络中的社区表明了具有相似需求的用户的群体，同一社区中的用户可能具有相同或相似的商务需求。

（2）以商品为节点，以被同一用户购买或浏览等行为作为节点的关系（边），构成商品网络。商品网络中的社区表明了具有强关联性的商品集合，同一社区中的商品可能具有搭配使用性质或功能类似。

（3）以用户和商品为节点，以购买、浏览等行为作为边，构成用户商品网络。用户商品网络中的社区可分为三种，仅包括用户的用户社区、仅包括商品的商品社区和既包括用户，也包括商品的用户商品社区。前两种社区分别与上面提到的社区类似，用户商品社区则反映了用户对商品的某种程度的依赖性。

电子商务社区的构建，是为了挖掘隐含在用户之间、商品之间以及用户和商品之间的关联，并基于此进行深入的电子商务活动，如产品推荐和协同决策。

## 三、基于社区的产品推荐

基于社区的产品推荐分为两种模式：基于用户社区的推荐和基于商品社区的推荐。

基于用户社区的产品推荐以用户网络中的社区为依据，为同一个社区中用户推荐同样的商品，而推荐的商品最好是被该社区中的一部分成员购买的，说明该社区中的其他成员可能也需要此种商品，因此这种推荐很有可能满足用户的当前需求，或者诱发用户的需求。

基于商品社区的产品推荐以商品网络中的社区为依据，当同一个社区中的某种产品被一个用户购买或浏览后，向其推荐处于同一商品社区内的其他商品，该商品很有可能满足用户的当前需求，或者诱发用户的需求。

### 四、基于社区的协同决策

当用户在进行电子商务活动时，很有可能需要其他用户的帮助，比如向购买商品的用户咨询某商品的质量、性能、使用方法等，但在现有条件下用户很难知道其他用户的信息。利用用户商品社区，可以获得用户和商品之间的关联，从而为需要帮助的用户提供协助者。

在不影响其他用户正常工作生活的情况下，可以将同一个社区内的用户构成一个消息群，使这些用户可以在群中互相帮助，并进行深入的交流，从而实现协同决策。

## 第三节　基于社区的网络文化安全

网络文化是一种全新的思想与文化的表达形态，它以互联网为载体和传输途径，运用一定的语言符号、声响符号和视觉符号等，传播思想、文化、风俗民情，表达思想和观点。目前网络文化安全已经成为国家安全的重要组成部分，利用社区思想，可以对网络文化安全进行评估和与预警。

### 一、网络文化的由来

网络文化是一种逐步形成的新兴的大众文化，与信息技术的发展息息相关。计算机由最初的独立的科学计算设备，发展成局部多点互连的局域网，进而发展到全球连通的国际互联网，实现了计算机从孤立计算功能到全球互通的娱乐功能，形成了网络文化发展的硬件和软件条件。互联网的开放环境与自由精神，使参与互联网的人群具有高度的普遍性和多元化，是形成网络文化的人文因素。网络文化以计算机相关的硬件设备为物质载体，以上网的人群为主要对象，以虚拟的网络空间为主要传播领域，以数字化和通讯网络为基本技术手段，为人类创造出一种全新的虚拟生活方式。

网络文化快速发展的原因在于两个方面：一是通过电脑网络进行信息传播的速度非常快，在接收终端只需用鼠标轻轻一点就可以阅读或是在储存之后进行其他操作；二是传播的信息形式多样化，网络技术可以把文字、图像、声音、视频、普通电子文件等复合成多媒体形式进行传输，从而使传播的信息内容更加形象和生动。

网络文化从含义上可分为狭义的网络文化和广义的网络文化。狭义的网络文化是指在互联网上进行的文化活动，包括计算机信息的传播方式、传播内容和使用方式等；广义的网络文化是指借助计算机网络所形成的一种经济、政治和文化现象，是一种生活方式，是人类传统文化的延伸和多样化的展现。广义网络文化既包括资源系统、信息技术等物质层面的内容，也包括网络活动的道德准则、社会规范、法律制度等制度层面的内容，还包括网络活动的价值取向、审美情趣、道德观念和社会心理等精神层面的内容。网络文化是现实社会文化在网络技术条件下的表现形式，并没有脱离现实社会文化，而是与现实社会文化密切相关的新发展。

## 二、网络文化安全

任何文化都有双刃剑的作用，我们在充分享受网络这个人类文明最新、最优秀的文化成果的同时，还要注意保持民族文化特色，维护国家的文化安全。由于网络文化的参与者非常广泛，参与方式简便，每个参与者彼此平等甚至可以隐瞒真实身份，因此网络文化容易成为不良文化滋生和传播的温床，一方面网络信息内容种类和数量在急剧膨胀，其中有大量的不良信息内容（如色情、迷信、反动言论、盗版、淫秽、暴力、邪教等不良内容）充斥其间；另一方面参与网络文化的网民的数量和增长速度更是惊人的，在网络文化安全方面面临着严峻的形势。由于网络文化形成了崭新的舆论场所，在某个时段、某些场合甚至会压倒传统舆论场所，拥有数十万、数百万、数千万"粉丝"的网上意见领袖，完全有能力在舆论场上兴风作浪。因此，网络文化安全是必须密切关注的领域。

网络文化安全是近几年随着互联网的高速发展而产生的新问题，虽然世界各国都认识到这一问题的重要性，但还没有统一的理论框架。由于国家对互联网内容监测所涉及的领域比较敏感，所以国外有关内容安全技术在这方面应用的公开报道不多。有一点可以肯定，很多国家都有完整的监控体系。曾经导致满城风雨的美国 FBI 组织实施的 Carnivore 计划，目前已经出现了最新版本，其改名为 DCS1000 系统，主要是基于关键字技术对网上电子邮件进行监控。另外，英国 2000 年通过了关于网络信息内容监察的议案；俄罗斯由联邦安全服务中心（FBS）负责实施的 SORM-2 项目目前也已投入了运行。

国内对于网络文化及其对国家和社会可能造成的影响已有研究。由于网络文化安全的重要性，在"十五"期间，国家相关部门密切关注并积极开展对网络文化的监测和管理。国家新闻出版总署已投资 1.5 亿人民币，专门设置 30 多个人员通过人工方式对国内主流的网络媒体进行监控。2004 年中国网络情报中心在原有的新闻监测的基础之上，推出网站监管统计分析功能。此外，2005 年 1 月由教育部和国家语委负责成立了国家语言资源监测与研究中心（网络媒体分中心），其任务就是对国内有代表性的网站进行实时监测，并将网页语言材料自动分类储存，建立超大规模的网络媒体监控语料库；通过分析与统计，观察分析语言现象的动态变化，并定期发布相关统计数据；通过对语言现象的监测，反映网络文化生活，向国家有关部门提供咨询报告。2005 年该中心建设了网络新闻语料库、高校 BBS 语料库，并发布了 2005 年度网络热点事件，在社会上引起了很大的反响。

## 三、网络文化安全评估

所谓网络文化安全评估，就是要对某一时刻网络文化的安全程度进行评价。在评价过程中，不仅要进行网络内容的分析，还要对这些网络内容的影响力进行评估，进而获得这些网络内容的危险程度。对于已经具有高度警情的网络内容，需要进行应急处理，防止其快速扩散。网络文化安全评估的实现由两个主要部分：网络文化内容安全性分析和影响力分析预测。

### （一）内容安全性分析

内容安全性分析是指对网络中出现的内容，分析其是否包含威胁到网络文化安全的因素，进一步可估计内容的威胁程度，可用安全系数来表达这种程度。安全系数越高，说明该内容对网络文化安全的影响越小；反之，则说明该内容非常可能影响网络文化安全。网络文化内容可按照其形式分类为文本、图像、音频、视频等，分别进行安全性分析。

## 1. 文本安全性分析

文本是网络上最为广泛的内容，也是文化表达的最主要形式。文本内容挖掘是研究多年的经典问题，涉及自然语言处理、语义挖掘、人工智能等领域的相关技术。传统的文本检测方法多采用字符串匹配、词形一致的方法产生确定的二值结果，简单地利用关键字作为分类的依据。由于自然文本中存在大量同义词和汉语切分歧义现象，该方法常常有漏配和错配的情况发生，易导致漏判、误判等问题。借助于基于语义的自然语言处理技术，利用数据挖掘技术对网络文档信息和服务进行分析，发现敏感信息（网络中恶意和不健康的内容），并进行过滤处理，可以达到对网上敏感信息进行监控的目的，从而能准确有效地实现对网络文化信息的分析和检测。

语义是自然语言的本质，不同的自然语言表达的语义可能不同，相同的语言在不同的上下文环境中表达的语义也可能不同。因此，对自然语言的挖掘和检测技术，不应囿于其中的词句，而应从语义的高度，进行分析和处理。其中涉及到自然语言理解，语义提取和存储，上下文相关理解等关键问题。基于语义的语言分析，能够准确地确定网络文化中的热点，防止同义词和错别字的影响。另外，由于网络语言迅速变化的特点，构建动态语义库，对语义库中的词条进行动态调整，以便及时反映网络语言的动态。

网络文本与常规文本相比，具有语法不规范、新词频现等特点，传统的文本处理方法无法精确地处理网络文本。因此，必须针对网络文本的特点进行文本分析。网络上的中文语言，有如下几个特点。

（1）网络汉字的错别字多，可分为无意错别字和有意错别字两种。无意错别字指在输入过程中无意造成的错别字，如由拼音输入法造成的同音字，由字形输入法造成的形似错别字；有意错别字指出于某种目的，人为故意造成的错别字，这些错别字所表达的语义与其自身含义有很大区别，如在敏感的名词中间增加特殊符号，按汉字构成分解名词为若干汉字，使用同音字代替敏感名词等。

（2）网络汉字中夹杂多种语言或符号，代表新的意义，即所谓的火星文，如"Orz"代表五体投地等。

（3）由网络造成的词汇新意义，随着网络的发展，许多名词有了新的意义，如"偶"字用来代替"我"字，"稀饭"代替"喜欢"等。

（4）由社会事件或网络造成的新名词出现频率较高，如"超女"，"酱子"等。

基于已有的传统文本内容挖掘技术，根据网络文本的特点对各种方法进行改进，可实现网络文本内容安全性分析。

**2. 图像安全性分析**

网络上的图像内容具有形象生动的特点，其占用空间较小，与网页的结合非常紧密，传播途径广泛。对于图像内容的分析，一般通过特征提取实现，常用的特征包括纹理、颜色、形状、频域等。基于纹理特征提取的方法包括传统数学模型的共生矩阵法、K-L 变换、纹理谱分析等和基于视觉模型的多分辨率分析、cabor 滤波器和小波分析等；基于颜色特征提取的方法主要有用加权欧几里得距离测度（颜色分布的匹配）、颜色直方图的交叉法和距离比较法；基于形状特征提取的方法用形状属性集合的欧几里得距离来描述图像内容，形状特征集通常包括矩、面积、连通性、偏心率、主轴方向等；采用频域特征查询主要以图像的二维，FFT 或者小波系数生成对象的模板，在频域上实现模板与搜索图像的空间卷积和相关性计算。

从图像中提取出的特征，需要与相应的特征库进行比对，才能获得图像特征的分类，进而分析其安全性。特征库的构建，可以通过指定特征的方法，但通常采用大量样本集训练的方法，并且通过对特征库的不断扩充和修正，提高安全性分析的准确度。

**3. 音频安全性分析**

音频在网络上的表现形式主要分为两种：以音频文件为附件或在网页上直接播放音频。人类能够听见的音频频率范围是 $60\sim20000\,Hz$，其中语音分布在 $300\sim4000\,Hz$ 之内，而音乐和其他自然声响是全范围分布的。音频安全性分析中以语音内容为主要对象。

音频内容的挖掘和检索是一个经典的模式识别问题，随着互联网上音频内容的逐渐增多而引起广泛关注。音频内容的安全性分析可细分为两个步骤：音频转换为文本和文本安全性分析，后者可通过前述的方法进行处理。对于音频转换为文本，目前多采用构建音频词典进行一一对应的方法，再对同音词和歧义词进行消歧处理。孤立字词的语音自动识别较为简单，也容易实现，可用在专用的听写和电话应用方面；有些方法采用关键字的语音识别方法从连续语音中获取关键字的信息。对连续的语音自动识别则较为困难，消耗的计算资源也较多，通常采用大规模样本训练的方法。另外，音频识别方法对于标准发音的音频具有很好的处理能力，但对于不标准发音，如地方口音和网络新词，则需要进行词典的扩充。若有足够丰富的音频词典，结合文本安全性分析方法，可实现音频内容的安全性分析。

**4. 视频安全性分析**

视频由于其形象生动、表达能力丰富，是较易引发安全性问题的因素。视频内容分析也已经研究多年，主要包括两种类型的技术：主动分析和被动分析。主动分析是指在分析视频对象的时候，限定视频对象存在的边界条件，在此基础上对被观察对象的行为进行估计。比如设计多个摄像头的合理摆放，在被观察对象身上放置标记器，通过跟踪这些标记器的运动建立起被观察对象的运动模型，这种方法通常被用在精密仪器的检测和运动行为的评估上。被动分析是指事先没有对视频的产生过程进行干预，无法在分析阶段和视频的生成过程进行交互，仅针对视频文件进行分析。网络中的视频安全性分析仍然是以被动视频分析为主。被动视频分析也可细分为如下几种方法。

（1）镜头分析法。把视频序列分成若干组镜头，针对各组镜头的有代表性的关键帧进行分析，从而获得对整个视频的分析结果。从视频的组成形式看，任何视频都是由一个个镜头衔接起来的；从一个镜头到另一个镜头的转换称为镜头切换。镜头分析法的步骤是将视频镜头分割出来，并提取一些能代表镜头内容的代表帧以及它们的特征，进而据此实现对整个视频内容的分析。在网络视频的内容分析中，此种方法是主要采用的方法。

（2）独立图像法。把视频信息看作是独立的帧或图像的集合，利用图像分析方法进行视频的分析，但这种方法忽略了视频帧在时间上的关系，还需要处理大量的图片，效率较低，并不适合处理大规模的网络视频。

（3）运动分析法。利用镜头和视频对象的时间特征，对视频中的运动进行分析，包括检索摄像机的移动操作和场景移动，用运动方向和运动幅度等特征来检索运动的主体对象，从而获得视频的内容，此方法也可用于单组镜头的分析。该方法对于较为规范的视频，如体育比赛等具有良好的效果，但对于无先验知识的网络视频较难实现。

另外，目前的视频很多具有字幕，利用字符识别技术和文本安全性分析技术，可对字幕的安全性进行分析，再结合视频的分析结果，可提高整体的安全性分析准确度。

### 5. 其他内容及综合分析

网页中除了上述主要内容外，还包括几种新兴的信息形式，如超级链接、点对点内容等。超级链接是位于网页上的一个 URL，通常表现为文本或图像的形式，用户鼠标点击文本或图像后，将打开这个 URL 上的网页。超级链接本身并不具有安全性问题，但其 URL 所指向的网页需要进行内容安全性分析，其方法和一般网页相同。点对点（P2P）是一种利用网络实现的分布式资源共享形式，被财富杂志列为影响互联网未来的四项科技之一。P2P 共享的资源包括各种硬件资源、软件资源和数据资源。目前互联网上比较流行的 P2P 软件包括 PPLive（在线视频观看）、BT（文件下载）、eMule（文件共享）等，通常是利用某种链接或种子，实现资源的共享。其中的链接和种子本身并没有安全性问题，但其共享的内容可能是具有威胁的。因此，对 P2P 内容的安全性分析应主要针对其共享资源，涉及数据块或数据包的分析技术。

网页中包括的内容通常是多样的，各种内容间也具有一定的关联性，例如网页中共存的文本和图像。文本内容通常是对图像的一种综合描述，或者图像是对文本内容的形象化补充。因此，利用多种内容进行综合性分析，会取得比单独分析更加精确的安全性分析结果。

### （二）影响力分析

互联网上资源丰富，资源所处位置由其网址（URL）进行定位，用户将网址输入浏览器进行资源的浏览。在互联网发展初期，曾有专门记录网站名称、内容及其网址的小册子，人们根据小册子提供的网址进行选择浏览。

网络搜索引擎的出现改变了这种情况，网络搜索引擎是专门供人们搜索互联网上资源的网站，由于其搜索功能强大且实时性好，因此逐渐取代了网址小册子。近年来，随着互联网经济的快速发展和门户网站的迅速崛起，不同网站的浏览量和点击率差距拉大，其影响力也逐渐产生分化。目前网民的上网方式主要分为两种：一是根据个人习惯浏览某些门户网站，包括新闻、邮件、BBS、Blog 等；二是利用搜索引擎寻找所需资源，浏览的网址是搜索引擎提供的链接。同样的网络内容，在不同的网站上发布，其造成的结果可能截然不同。

对于综合门户网站，根据其点击量、用户的数量和分布情况来评价其网站影响力是有效的。对于非综合门户网站，仅参考其点击量是不够的。尤其专业网站，其点击量可能不大，但在专业领域内非常具有影响力。另外，也要考虑用户的活跃程度，若网站的用户具有转帖、传播等喜好，则网站的内容会随着用户的行为广为传播，进而提高了网站的影响力。对网站的影响力评估，可采取综合评定人为设置初值，根据网站的实时变化情况不断修正其影响力的方法，以便获得更加客观的网站影响力分析结果。

## 四、网络文化社区

最早的网络虚拟社区定义由瑞格尔德（Rheingole）给出，他将其定义为"一群主要由计算机网络彼此沟通的人们，他们彼此有某种程度的认识、分享某种程度的知识和信息、在很大程度上如同对待朋友般彼此关怀，从而所形成的团体。"从社会学的角度看，网络文化社区是指由网民在电子网络空间进行频繁的网络社会互动形成的具有文化认同的共同体。

正如本章第一节所述，由于互联网上用户众多、网络文化行为复杂、关系密布，因此构建网络文化社区很容易实现。其依据可能是 Web2.0 的 Blog，也可以是传统的 BBS，还可以是 P2P 下载的用户群体。网络文化社区与现实社区一样，也包含了一定的场所（网络空间或软件）、一定的人群、相应的组织、社区成员参与和一些相同的兴趣、文化等特质，提供各种交流信息的手段，如讨论、通信、聊天等，使社区居民得以互动。

下面是两个典型的网络文化社区的例子。

（1）同一个 BBS 网站中，以成员为节点，以信件来往、发帖回贴为关系，可以获得 BBS 成员网络。利用社区发现技术可以发现，活跃在相同的若干版面的成员，由于其兴趣相似、信件来往密切，构成一个社区。这样的社区是一个基于 BBS 的社区，其规模比整个 BBS 的规模小很多，但其关注内容、发帖方式等比较相似。

（2）在 Blog 网站中，某些 Blog 作者之间存在若干超级链接，互相引用。以 Blog 的 URL 为节点，以超级链接为边，可以构建 Blog 引用网络。在该网络上应用社区发现算法，可以发现某些 Blog 聚集在一起成为社区，但社区内的成员不一定互相具有链接。

在网络文化安全预警的过程中，隐性的网络文化社区是其重点关注的研究对象。因为由社区发现技术构建的隐性网络文化社区，其成员的共性更为突出，其网络行为也具有相似性，社区成员的群体性事件容易引发影响网络文化安全的行为。

## 五、基于社区的安全预警

目前我国已经开始重视各个领域的安全预警工作，并已经在多个领域建立了预警机制和系统。图家"十五"重大科技项目针对国家安全运行中如何监测隐患、预防问题的出现以及危机的发生，对国家安全预警系统的概念、功能和系统设计的理论依据、指标体系和内部结构进行了理论上的研究，如水资源安全、社会风险、自然资源开发利用度等预警机制研究。特别是随着"食品安全关键技术"及"区域水环境安全预警系统"等重大科技专项的实施，在安全预警系统方法及实用系统研制方面取得了重大进展，我国已初步建立起了食品安全网络监控和预警系统。此外，"土壤环境安全预警系统"、"房地产预警系统"等一批预警系统也开始走向实用。由此可以预期，国家安全预警机制已经逐渐成为我国一种长期的策略。由于网络文化对国家和社会的重大影响，构建网络文化安全预警系统，对于构建和谐社会和保障国家安全具有重大意义。

对于网络文化内容进行实时监测和评价是保证网络文化安全的一种措施，但网络文化的传播具有瞬时性，某些信息经常是在几秒之内被浏览、讨论甚至转发。某些不良网络内容虽然在实时监测以后进行了处理，但其仍然造成了不良影响，甚至具备继续传播的能力。因此，如何在不良网络文化形成规模之前进行预测，以便进行恰当的引导措施，是预防不良网络内容广泛传播的更好的手段。我们将不良网络文化的广泛传播称为网络文化警情，将预测网络文化警情的相关技术称为网络文化安全预警。

利用社区进行网络文化安全预警的基本假设在于：处于同一个社区中的人群，往往具有相似的价值观和审美观，也具有相似的关注领域和反射行为。基于社区的网络文化安全预警的主要步骤是：根据网络社区，为同一社区中的成员构建关联；对社区成员的行为和发布内容进行安全评估，进而获得对一个社区的安全评估；若社区中的某个成员威胁到网络文化安全，则对社区中的其他成员进行重点跟踪，并对其行为做出预测。本节将某 BBS 作为例子，详细阐述了利用社区发现技术进行网络文化安全预警的操作步骤。

## (一) 网络文化社区发现

网络文化社区发现是指根据网民在网络文化领域中的言论和行为构建社区的方法。在社区发现技术中，收集相关数据是进行社区发现的基础。互联网的普及和网络文化的发展，导致民众参与网络文化的行为越来越普遍，从而使获得个人信息及互联网行为记录成为可能。人们在使用 BBS、Blog、email、RSS（一种订阅互联网上信息的方式）或网络即时通讯工具的同时，会将个人的行为和信息遗留在互联网上。由于遗留的信息内容丰富，方式多种多样，因此利用它们进行社区构建是可行的。

以 BBS 网站为例，BBS 中成员的 ID 是其唯一标识。成员对 BBS 中各个版面的访问次数和停留时间，在各个版面中发表、回复和浏览的话题，成员注册时的信息以及内部信件等都有详细记录（本节中暂不考虑隐私问题）。基于这些数据记录，利用本书介绍的社区发现方法和技术，可在社区成员中构建不同的社区。具体的社区构建方法在本书前面已有介绍，在此不再赘述。社区中包括多个成员，成员也可以属于多个社区。

根据构建的社区，为成员建立社区关联。此关联的建立依据是社区，可通过构建专门的社区索引实现，即在每个社区存储成员的 ID，以便跟踪和访问。

## (二) 社区及其成员的安全性评估

在现实世界中，根据每个公民的行为记录可以对其进行安全性评估。例如，商业银行根据公民的经济行为记录评估其金融信用，并据此设定不同的贷款额度，可有效降低金融风险。在虚拟的网络世界中，若能对网民进行类似的评估，则可有效地维护网络文化安全。由于网络的匿名性，很难对现实中的网民进行控制。值得庆幸的是，虚拟世界中也有标识每个网民的方法，BBS 网站中的 ID 号就可以作为其成员的唯一标识，每个标识都带有一系列的历史数据，记录了网民的过往言论和行为。

根据 BBS 中成员的历史数据，可对成员进行网络文化安全性评估。评估的依据在于其被封禁的历史记录（通常发表违反版规的言论会被版主封禁）、以往发表的言论倾向、在 BBS 中的活跃程度、个人兴趣爱好等。成员的网络文化安全性是一个关于上述依据的函数，即成员网络文化安全性＝ $f$（封禁的历史记录、言论倾向、活跃程度、个人爱好、领域）。

综合考虑上述因素对成员网络文化安全性的影响，其施加影响的原则如下：（1）被封禁的次数越多，封禁的时间越长，成员的网络文化安全性越低；（2）言论倾向越激进，成员的网络文化安全性越低；（3）成员的活跃程度越高，其网络文化安全性越低；（4）成员的个人爱好反映了其关注的领域，在这些领域内易造成网络文化安全事件；（5）不同特点的成员可能受到其他因素的影响，如心理健康、经济条件、社会事件等，这些因素对其网络文化安全性的影响具有不确定性，比较复杂。在实际操作中，可设置某个基本函数和初值，再根据网络文化的发展进行调整，以获得越来越精确的成员网络文化安全性评价。另外，由于网络文化的多样性，其安全性系数也不是单一的数值，而是根据不同领域分别进行评价的。

有了成员个人的安全性系数，则可对网络文化社区的安全性系数进行计算和评估。在社区发现技术中，并未区分社区成员的重要程度。在网络文化社区中，社区中成员的影响力并不相同。曾经有学者根据 BBS 中成员的行为方式，如将他们进行了分类：（1）领导者，善于发起话题，发布引导性言论；（2）聆听者，以浏览话题为主，一般不参与讨论；（3）牢骚型，只发布话题，对以后的回复不予理睬；（4）评论者，以回复话题为主，并且以自己的观点进行评论甚至与其他成员进行激烈辩论；（5）个人兴趣型，对个人感兴趣的话题，积极发表言论，而对其他话题无所作为。不同类型的成员在网络文化社区中的影响力不同，导致其在整个社区的安全性评估中所占据的权重也不同。领导者占据最大的权重，聆听者权重最小，而其他类型的权重从小到大依次为 个人兴趣型、牢骚型、评论者。为方便计算，一般将成员的权重控制在 0 到 1 之间，所有成员的权重之和为 1。

根据成员的不同类型及其相应权重，结合成员个人的网络文化安全性系数，可计算网络文化社区的安全性系数，其计算公式如下：

网络文化社区的安全性系数＝成员网络文化安全性系数×成员在社区中的权重

据此计算的社区安全性系数，可较好地反映网络文化社区的威胁性和影响力。

## （三）以社区为单位的预测

以社区为单位进行网络文化行为预测，比以成员个人为单位的预测具有更高的效率和可操作性，也比以整个 BBS 为单位的预测更具有针对性和准确性。另外，个别成员的网络行为，若无其他成员的响应，也很难造成网络文化警情。因此，可以从社区中的个别成员的网络行为出发，预测出社区的网络行为，从而对可能出现的警情进行预警。

### 1. 社区行为关联

网络文化社区是依据成员的个人兴趣和网络行为构建的，使得社区中成员的网络行为具有一定的联动性，即当部分成员发表言论时，其他成员也会加以关注，甚至加入讨论。因此，根据社区中的某些成员的网络行为，可以预测其他成员的行为。尤其是社区中权重较高的成员，对整个社区的影响较大，比一般成员更具有引导性。依据权重较高成员的行为，对社区行为的预测，比依据普通成员的行为更加准确。若社区中高权重成员或大部分成员的行为未造成警情，则可预测该社区也不会造成网络文化警情；反之，则非常容易出现社区中群发的网络文化不良行为。依据社区中成员的权重，可将社区中的成员和整个社区建立网络行为关联，每个成员与社区的关联度，反映了其在社区中的影响力。

### 2. 社区安全性的实时监测

社区的安全性是有领域之分的，即同一个社区会在不同的领域具有不同的网络文化安全性，与社区成员所关注的领域密切相关。当监控到的热点领域与社区关注领域相重合时，才有可能造成网络文化安全事件。

利用成员之间的社区关联，将发布警情内容的成员与社区内其他成员的行为相关联，并进行实时监控。使实时监控的范围由个人扩大到社区，并根据发布警情内容的成员在不同社区内的影响力，实施不同力度的社区监控。

### 3. 综合预测

根据网络文化实时监测的信息，结合社会上出现的不良事件或言论倾向，可分析出当前需重点关注的领域和社区。再对需关注社区中的成员进行领域内的个人网络行为的监控，这样可有效减少实时监控的内容和成员，提高系统效率。

在实际应用中，系统实时统计 BBS 中最近某个时段内出现的高频词汇或词组，按语义将其分类，以便确定最近的热点领域或增长趋势明显的领域。高频词汇的统计时段是一个经验值，一般取一周到一个月。词汇的语义分类是个较难的问题，涉及文本分类、自然语言处理等领域，通常采用人工构建词典的方法，再对词典进行动态的调整和新词扩充。将高频词汇进行分类的优点是可根据领域监控网络内容,不局限于词汇:一是热点领域的统计,二是可对属于该领域但未出现的词汇进行监控。

根据个别成员在监控领域内的网络言论和行为,结合社区在该领域内的安全系数,可对社区的网络文化行为做出预测,从而对可能出现的网络文化警情进行预测。

例如,根据校园 BBS 中成员的网络行为记录,利用本书描述的社区发现方法,构建了社区 A 和社区 B。社区 A 是在心理问题领域易发生警情的社区,社区 B 是热衷网络游戏的社区。在校园 BBS 中监测到"郁闷"、"跳楼"等词汇近期出现频率较高,则可按照分类词典将其分类至心理问题领域,并确定该领域为近期重点监控领域。根据社区的领域记录,可知社区 A 是与近期热点领域相符的社区,从而将重点监控社区 A 中成员的网络行为。经过网络文化安全性评估,当社区 A 中成员在 BBS 中的行为和言论具有网络文化警情倾向时,则对社区 A 中成员的 BBS 权限进行限制,从而避免严重的网络文化警情爆发。

又例如,根据 Blog 网站中成员的网络行为记录,利用本书描述的社区发现方法,构建了社区 C 和社区 D。社区 C 是在政府执政方面易发生警情的社区,社区 D 是热衷色情内容的社区。在 Blog 中监测到"暴力执法"、"贪污腐败"等词汇近期出现频率较高,则可按照分类词典将其分类至政府执政领域,并确定该领域为近期重点监控领域。根据社区的领域记录,可知社区 C 是与近期热点领域相符的社区,从而将重点监控社区 C 中成员的网络行为。经过网络文化安全性评估,当社区 C 中成员在 Blog 中的行为和言论具有网络文化警情倾向时,则对社区 C 中成员的 Blog 进行权限限制或内容删除,从而避免严重的网络文化警情爆发。

（四）警情应急处理

根据网络文化社区监测或预测到网络文化安全警情后,需要进行应急处理,包括警源定位和警情排除两个部分。

**1. 警源定位**

为了更加有效的应对网络文化警情,对网络文化安全中警情程度较高的内容进行警源定位。警源的定位可从信息安全的角度,根据系统记录的网络信息,利用系统的监控数据,进行有针对性的跟踪和确定,可直接或间接获得造成警情的计算机或个人信息，从而确定警情内容的来源。

对警源的定位分为内容定位和成员定位两个方面。内容定位是指定位造成警情的网页内容。仅以关键字或单一的元素定位警情是不够的，因为很多警情可以通过刻意的方法避开关键字的检查，如错别字、同音字、偏旁组合等，所以对警源内容的定位应该是语义级别的，并且将相关联的内容组成一个内容集合，以便进行监测。成员定位是指确定发布警情内容的网络成员，以防止其继续发布相关内容。仅定位至单个成员并不能彻底清除警情内容，因为网络上的成员都是彼此相关联的，浏览过该内容的网民都可能成为下一次警情的制造者，故成员要定位至一个成员的集合。

**2. 警情排除**

对于造成网络文化警情的内容，可采取删除内容、屏蔽回复等技术手段进行处理，避免警情内容的影响进一步扩大。对于产生警情的内容，要利用内容安全性分析手段，不仅对文本进行相似性判断，还要对全部的内容进行相似性判断；对于与警情内容相似的内容，进行实时监控和内容屏蔽措施，以便防止相似内容的继续传播。

除了内容的排除，还要对可能造成警情的成员进行监控。利用本书中介绍的社区发现技术，可将网络成员划分为社区，根据某个成员的行为，预测该成员所属社区内其他成员的网络言论和行为。除对造成警情的成员进行监控外，还需要对社区内其他成员进行实时监控和权限控制。

# 参 考 文 献

[ 1 ] Aiello W, F Chung and L Lu. A Random Graph Model for Massive Graphs. Proceedings of the 32nd ACM Symposium on the Theory of Computing, New York, 2000: 171-180.

[ 2 ] Aiello W, F Chung and L Lu. Random Evolution of Massive Graphs. In IEEE Symposium on Foundations of Computer Science (FOCS), Las Vegas, NV, 2001.

[ 3 ] Albert R and A L Barabási. Statistical Mechanics of Complex Networks. reviews of modern physics, 2002 (74).

[ 4 ] Albert R, H Jeong and A L Barabási. Error and Attack Tolerance of Complex Networks. Nature, 2000: 378-382.

[ 5 ] Albert R, H Jeong and A L Barabási. The Diameter of the World Wide Web. Nature, 1999, 401: 130-131.

[ 6 ] Bagrow J P and E M Bollt. Local Method for Detecting Communities. Physical Review E 72, 046108, 2005.

[ 7 ] Barabási A L and R Albert. Emergence of Scaling in Random Networks, Science, 1999, 286: 509-512.

[ 8 ] Barabási A L, R Albert and H Jeong. Mean-field Theory for Scale-free Random Networks. Physica A, 1999, 272: 173-187.

[ 9 ] Barabási A L, R Albert and H Jeong. Scale-free Characteristics of Random Networks: The Topology of the World Wide Web. Physica A, 2000, 281: 69-77.

[10] Barry W, K Hampton. Living Networked in a Wired World. Contemporary Sociology, 1999, 28 (6): 648-654.

[11] Brandes U. A Faster Algorithm for Betweenness Centrality. Journal of Mathematical Sociology, 2001, 25 (2): 163-177.

[12] Bulterman C A D. Is It Time for a Moratorium on Metadata. IEEE Multimedia, 2004, 10-17.

[13] Costa L F. Hub-Based Community Finding. arXiv condensed Matter, 0405022, 2004.

[14] Costa L F. Reinforcing the Resilience of Complex Networks. Physical Review E - Statistical Physics, Plasmas, Fluids and Related Interdisciplinary Topics, College Park, 2004, 69 (6): 1-7.

[15] Decker S, et al. Ontobroker: Ontology Based Access to Distributed and Semi-structured Information. Proceedings of DS-8, Boston, 1999: 351-369.

[16] Ding L, X Li and Y Xing. Pushing Scientific Documents by Discovering Interest in Information Flow within E-Science Knowledge Grid. GCC2005, 2005, 3795: 498-510.

[17] Flake G W, S Lawrence, C L Giles. Efficient Identification of Web Communities. Proceedings of the 6th ACM SIGKDD International Conference on Knowledge Discovery and Data Mining. Boston, United States, 2000: 150-160.

[18] Freeman L. A Set of Measures of Centrality Based Upon Betweeness. Sociometry, 1977, 40: 35-41.

[19] Garey M R, D S Johnson. Computers and Intractability: A Guide to the Theory of NP-Completeness. W. H. Freeman, San Francisco, 1979.

［20］ Girvan M，M Newman. Community Structure in Social and Biological Networks. Proc. Natl. Acad. Sci. USA，2002：8271-8276.

［21］ Govindan R and H Tangmunarunkit. Heuristics for Internet Map Discovery，in Proceedings of IEEE INFOCOM 2000，Tel Aviv，Israel (IEEE，Piscataway，N. J.)，2000 (3)：1371-1380.

［22］ Fiedler M. Algebraic Connectivity of Graphs. Czech. Math. J. 1973，23：298-305.

［23］ Kautz H，B Selman and M Shah. The Hidden Web. The AI Magazine，1997，18 (2)：2-36.

［24］ Kernighan B W，S Lin. A Efficient Heuristic Procedure for Partitioning Graphs. Bell. System Technical Journal，1970，49：291-307.

［25］ Kleinberg J. The Small-World Phenomenon and Decentralized Search. SIAM News，2004，37 (3).

［26］ Konstan J，B Miller，D Maltz，et al. GroupLens：Applying Collaborative Filtering to Usenet News. Communications of the ACM，1997，40 (3)：77-87.

［27］ Laura G，C Haythornthwait and B Wellman. Studying Online Social Networks. Doing Internet Research (Steve Jones，ed.)，Thousand Oaks，CA：Sage.，1999：75-105.

［28］ Langville A，C Meyer. Deeper Inside PageRank. Internet Mathematics，2005，1 (3)：335-380.

［29］ Matsumura N，D E Goldberg and X Llorà. Mining Social Networks in Message Boards. Technical Reports，2005.

［30］ Mitchell T，R Caruana，D Freitag，et al. Experience with a Learning Personal Assistant. Communications of the ACM，1994，37 (7)：81-91.

［31］ Mobasher B，R Cooley and J Srivastava. Automatic Personalization Based on Web Usage Mining. Communications of the ACM，2000，43 (8)：142-151.

［32］ Newman M E J. Who is the Best Connected Scientist? A Study of Scientific Coauthorship Networks. Physical Review E，2001，64.

［33］ Newman M E J. Assortative Mixing in Networks. Phys. Rev. Lett.，89，208701，2002.

［34］ Newman M E J. The Structure and Function of Complex Networks. SIAM Review，2003，45 (2)：167-256.

［35］ Newman M E J，M Girvan. Finding and Evaluating Community Structure in Networks. Physical Review E 69，026113，2004.

［36］ Newman M E J，J Park. Why Social Networks Are Different from Other Types of Networks，Phys. Rev. E 68，036122，2003.

［37］ Paliouras G，C Papatheodorou，V Karkaletsis，et al. Clustering the Users of Large Web sites into Communities. In：Danyluk A，ed. Proceedings of the 17th International Conference on Machine Learning. San Francisco：Morgan Kaufmann Publishers，2000：719-726.

［38］ Price D J S. Networks of Scientific Papers. Science，1965，149：510-515.

［39］ Pothen A，H D Simon and K P Liou. Partitioning Sparse Matrices with Eigenvectors of Graphs. SIAMJ. Matrix Anal. Appl. 1990，11：430-452.

［40］ Ridings C，M Shishigin. Pagerank Uncovered. Technical report，2002.

［41］ Ronald R. Network Analysis and Computer-mediated Communication Systems. Advances in Social Network Analysis：Research in the Social and Behavioral Sciences，Newbury Park，CA：Sage，1994：167-203.

[42] Scott J. Social Network Analysis：A Handbook. Sage Publications，London，2nd edition，2000.

[43] Schwartz M F，D M Wood. Discovering Shared Interests Using Graph Analysis. Communications of the ACM，1993，36（8）：78-89.

[44] Tadic B. Temporal Fractal Structures：Origin of Power Laws in the World Wide Web. Physica A，2002，314：278-283.

[45] Tasgin M，A Herdagdelen and H Bingol，Community Detection in Complex Networks Using Genetic Algorithms，arXiv Condensed Matter，0604419，2006.

[46] Tyler J R，D M Wilkinson and B A Huberman. Email as Spectroscopy：Automated Discovery of Community Structure within Organizations. Proceedings of the First International Conference on Communities and Technologies，Amsterdam，Netherlands，2003：81-96.

[47] Wilkinson D M，B A Huberman. A Method for Finding Communities of Related Genes. Proc. Natl Acad. Sci.，USA，2004，101：5241-5248.

[48] Xing W，A Ghorbani. Weighted PageRank Algorithm. 2nd Annual Conference on Communication Networks and Services Research（CNSR 2004），Fredericton，Canada，IEEE Computer Society，2004：305-314.

[49] Zhuge H. Resource Space Model，Its Design Method and Applications. Journal of Systems and Software，2004，72(1)：71-81.

[50] 丁元竹. 社区研究的理论和方法. 北京：北京大学出版社，1995.

[51] 滕尼斯［德］(Toennies F). 共同体与社会. 林荣远译. 北京：商务印书馆，1999.

[52] 吴文藻. 德国的系统社会学派（1934 年）. 见：人类学社会学研究文集. 北京：民族出版社，1990.